生存科学シリーズ 4

地域の生存と社会的企業

—イギリスと日本との比較をとおして—

柏 雅之
企画

柏 雅之／白石克孝／重藤さわ子
著

東京農工大学 生存科学研究拠点
編集

公人の友社

もくじ

「生存科学シリーズ」刊行によせて

国連「気候変動に関する政府間パネル」（IPCC）は「気候変動二〇〇七―自然科学の論拠」という報告書（二〇〇七・二・二）で、「地球温暖化の原因の九〇％は人間活動による」と明言し、「一〇〇年後には、高成長社会が続く最悪のシナリオで、世界の平均気温が六・四℃上昇」、また「持続発展型社会に移行する最低のシナリオでも一・九℃の上昇」と発表しました。過去一〇〇年で〇・七四℃上昇したために今日の「異常気象」が引き起こされたことを考えると、今後起こりうる気候変動は、まさに計り知れないものがあります。米国元副大統領ゴア氏が作成した映画「不都合な真実」の上映とあいまって、近年の異常気象に関する一般市民の関心は急速に高まっています。二〇世紀の目覚しい発展を支えた化石燃料の大量使用によるグローバリゼーションと大量生産・大量消費、徹底した省力化などのつけが、化石燃料由来の二酸化炭素の大幅削減という文字通り人類生存にとって〝待ったなし〟の課題を私たちにつきつけるにいたったのです。

東京農工大学の二一世紀ＣＯＥ「生存科学」プログラムでは、上で述べた地球温暖化による「環境危機」、温暖化対策と石油枯渇のダブルパンチとしての「エネルギー危機」、気候変動、人口の急増、水・土地等農業生産資源の枯渇に伴う「食糧危機」、そして地球規模の市場経済化により加速されつつある「地域社会の危機」を、「4つの危機」として捉えています。これらの危機は、バイオマスをめぐる食糧生産とエネルギー生産の競合にみられるように、相互に深く関連したグローバルな危機です。

しかし、危機は、具体的には「複合危機」の形で都市、農村、流域などの「地域」に姿を現します。これらの危機が人々の活動の集積として発生している以上、それに対する挑戦は、まさに〝Think Global. Act Local.〟の標語にあるように、世界中の「地域からの挑戦」に翻訳されなければならないでしょう。

これまで個別分野ごとに縦割りで発展し、かつ二〇世紀の科学技術社会作りを担ってきた科学・工学・農学の多くの分野は、いま、グローバルな危機についても地域の危機についても、十分な力を発揮できずにいます。「生存科学」の試みは、そのような科学技術の現状を打破する試みであり、人類と地球の生存をかけて、危機への地域からの挑戦を、人々とともに設計し実現する、新たな横断的領域、「人類生存のための文明制御学」の構築の試みです。私たちは二〇〇二年以来、地域社会の自然、農林商工業の営み、暮らしの現況等にあらためて学び、地元、NPO、自治体、産業界、国など様々な人々との連携の中で、科学技術を鍛え直す取り組みを行ってきました。

「生存科学シリーズ」は、二一世紀COE〝生存科学〟プログラムの成果を、これまで各界で共に支えてくださった方々への感謝の意をこめて、ブックレット＝肩のこらない専門書という形で広く一般市民にお返しするものです。

本シリーズが多くの皆様にご愛読いただけ、手ごろな勉強会のテキストなどとしても活用されることを期待しております。

二〇〇七年二月　吉日

千賀裕太郎・堀尾正靭

第１章　農村再生と社会的企業

柏　雅之（茨城大学）
重藤さわ子（東京農工大学生存科学ＣＯＥ研究員）

はじめに

一九九〇年代以降、ヨーロッパで急速に台頭してきた社会的企業は、雇用、福祉、環境、教育など多様な分野で活躍している。社会的企業の統一的定義はないが、一般的には以下のような特徴をもつ組織とされる（文献（1）（2）などを参照）。第一は、社会的ミッションの存在であり、ミッションとは地域社会への貢献である。第二は、社会的事業体（social business）という性格の存在であり、社会的ミッションをわかりやすいビジネス形態で事業活動を継続していくことである。第三は、社会的革新性（social innovation）の存在である。また、コミュニティによって所有・管理される「社会的所有・管理」を重要視する場合もある。さらに利益の社会的ミッションをもつ事業への再投資（利益の外部分配の禁止）を重視する場合もある。

社会的企業とはボランタリーセクター（NPO）とは異なり、民間企業、公共、ボランタリーの各セクターが部分的に重複したジョイントセクターの一種と考えられるが、企業的努力（精神）によって社会的革新性や社会的事業の担い手としてそのフロンティアを進め、同時にジョイントセクターとして他セクターとの協働を行うなかで社会的ミッションを果たしていくことが期待される。

こうした社会的企業に対してヨーロッパとりわけイギリスでは地域再生の新たな主体として位置づけ、政府はその支援を大きく打ちだしてきた。二〇〇一年、貿易産業省（DTI）は「社会的企業局」を設置し、二〇〇五年七月にはそのための新たな法人格として「コミュニティ利益会社（Community Interest Company: CIC）」を設けた。他方、農業漁業食料省（MAFF）が改編された環境・食料・農村問題省（DEFRA）も農村再生や地域環境問題の領域で独自の政策をとりつつある。社会的経済（ソーシャルエコノミー）に立脚する労働党政権の大きな政策対象となった。

本書では、とりわけ農村地域再生や地域農業振興のために役割を果たしているイギリスの社会的企業の実像を紹介するとともに、わが国がそこから何を学び得るのかを、わが国の萌芽的事例を紹介するなかで考えていく。

社会的企業と農村・環境　―イギリスを中心に

イギリスでは社会のさまざまな課題解決に向けて、社会的企業が果たす役割に年々注目が集まるようになり、イギリスの環境・食料・農村問題省（DEFRA）も、ビジネス手法を用いながらも社会的課題に向けて活動を行う社会的企業に、農業・農村発展と環境保全の達成を期待するようになってきた。同省は二〇〇五年三月に『環境・食料・農村問題省と社会的企業―見解と現状』を発表し、同省の環境・食料・農村の持続的発展という包括的目標とその達成に向けて、とくに農村社会的企業の担う役割への期待と支援の方法を示した。そのなかで具体的な取り組みとして、省内で社会的企業への理解を深めるとともに、社会的企業の各関係機関、とくに社会的企業組合や他の政府機関、かつ地方自治体との連携を図り、社会的企業も含む農村ビジネスのニーズに合わせて、起業のアドバイス・支援体制を整えること、またそのための支援事業や融資基金設立に取り組むことなどが記された。それと同時に、カントリーサイドエージェンシーを通じた社会的企業の追跡調査（Social Research Associates）（注）や、省独自が行った実態調査などをまとめた報告書の出版などを通じ、社会的企業の環境・農村問題への貢献の実態分析を行ってきた。そのなかでも、社会的企業は三つのボトムライン、つまり経済的・社会的・そして環境的目的を同時に達成するという意味で期待が高まっており、先の環境・食料・農村問題省の報告書においても、コミュニティの存続、生態系の保全、気候への配慮、消費の削減、食料という五つのテーマごとに、いかに農村の社会的企業が三つのボトムラインを同時に達成しているのか、という視点で実態が描かれている。以下、簡単にそれぞれの特徴を記していく。

（注）Social Research Associates, Evaluation of A Three Year Monitoring Programme of Four Rural Phoenix Development Funded Projects Undertaken for the Countryside Agency, March 2005

①コミュニティの存続：地方分権化が進み、国や地方自治体が従来提供してきた財やサービスの提供を外部委託し、採算が重視され始めると、多くの農村地域は生活に不可欠なサービスや施設を得ることができなくなり、その存続はコミュニティ独自の努力に委ねられることになる。とくに、郵便局、商店、銀行、パブ（飲み屋）などがなくなることは生活の基盤を失い、社会的に排除されることになるため、いくつかの村では住民自身が出資して住民に不可欠なサービスを提供する形態をとり始めた。また、インターネットのブロードバンド接続も、農村では排除されがちであるが、個々のコミュニティが政府や地方開発局などから資金援助を受けて共同体として導入するという方法も増えている。また、公共交通機関の不足も大きな問題となっており、社会的企業が孤立した農村をつなぐ交通手段を提供する例もあ

る。このようなさまざまなコミュニティのニーズに対処するために、地方自治体や、各機関やコミュニティグループなどとも連携を取りながら、社会的企業により持続性のあるサービスの提供を目指す例が確実に増えている。

②生態系の保護：自然資源の保護は

《コラム１》　イギリス・アイルランドで長い歴史を持つ社会的企業

イギリスやアイルランドにおける社会的企業の歴史は長い。もちろん「社会的企業」という形で認識され活動してきたわけではないが、その起源はおよそ一〇〇年前に遡ることができる。アイルランドでは一九世紀後半にH・プランケット氏の主導のもと、アイルランド農民を貧困から救うために、農業組合によりバター製造工場が設立され、それは後に世界的にも市場競争力のある食品会社に成長した。また、イングランドに一〇〇ほどある、低収入の人々に手頃な住居を提供する農村住宅協会や、会員制自然保護団体であるナショナルトラスト（一八九五年設立）などは自活経済により運営が継続され、社会的企業として位置づけられている。これらのことは、社会的企業は農村においても長期的な視野で活動を展開していくことができる、ということを強く示唆しており、さらに、企業体をベースに社会的課題に対処していくという性質から、その活動の持続性は驚くべきものである。イギリスではプランケット氏の寄付によって設立されたプランケット基金が過去八五年にわたって主に食料・農業セクターの農業組合や社会的企業の支援に取り組んできた実績があるが、近年の社会的企業にはより広範な農村問題（持続的地域発展から気候変動とエネルギー問題、持続的消費や生産、農村や自然資源の保護、持続的な農村コミュニティ、持続的な農業・食料など）に対応する手段として期待が高まっている。

非常に難解であるが、いかなる環境保護団体にとっても取り組むに値する課題である。しかし、これは社会、経済、環境という三つのボトムラインを同時に二つもしくは三つ達成して初めて可能になる。ノーサンバーランドのある農場では、伝統農法への回帰を図ることで、収穫量を落とすことなく自然保護活動を行い、地元コミュニティの人々や他の農業経営者の興味を引きつけた。また、過剰伐採で荒れかけた原生林地を再生し、森林を整備して木材生産も行えるように、若者の訓練を行い、また安価な住居の提供も行うなど、コミュニティを巻き込んだ形で環境プロジェクトを行う例もある。またカンブリアによる、川の生態系を改善し種の保全を行うことを目的としたエデン・リバー・トラストは、管轄地で自由に使える釣り権を販売することで、地元への観光客を増やし、農家への新たな収入源を生み出した。こういうコミュニティと協力する形での環境プロジェクトは、多くの地主に新たな収入への道筋を切り開き、土地利用への固定概念を転換するよいきっかけになっている。このように、環境を守ることと、それをコミュニティかつ公共との連携で行うことは、市場を意識し、消費者を呼び込むことになり、農村経済を潤す。しかし、そのことによって最も恩恵を受けるのは実は環境なのである。多くの環境社会的企業の成功の大きな鍵は、ポジティブな保護価値と経済的自立性をうまく連携させることができたことである。

③気候への配慮（代替エネルギーの開発）：気候変動が進行しているのはまぎれもない事実であり、科

学者はその原因が地球温暖化にあり、二酸化炭素の排出量を減らす必要があるとしている。いくつかの社会的企業は地域単位で化石燃料に代わる再生可能エネルギーを提供する活動をしている。大企業が地域の事情を考慮してその地域特有の代替エネルギー計画を立てるのは難しいだろうが、社会的企業であればそれが可能になる。イギリスの多くの地域と共同で風力発電プロジェクトを支援している社会的企業もあれば、廃棄処分になるはずの床板や古い洋服タンスなど、あらゆる木材を集め、原材料としてまた市場へ再配分する事業を行っているものもある。また、ある環境社会的企業は、最近廃油をレストラン・病院・パブなどから集めてバイオディーゼルの生産に着手し、またその技術の指導にもあたっている。このような企業秘密を無料で提供することは民間企業では考えられないことであるが、利益より気候保全、公共の利益を優先させることがこの企業の最重要項目であり義務であるとしていることこそが、社会的企業の役割を強くし、さらによりよい環境社会への再生可能力となっていくのである。

④**消費の削減**：世界の絶え間ない食料と資源の浪費による資源枯渇への恐怖は、消費者の意識を変えねばならないところまできている。いくつかの社会的企業はこのような問題に対処すべく、「持続可能な消費」に取り組んでいる。ある社会的企業は、一流のイメージを保つために三年ごとに入れ替えられる多くの民間企業の事務用備品を手数料を取って回収し、新品を購入できない学校やコミュニティグループ、慈善団体に売ったり寄付を行っている。このような資源再配分事業は市場のギャップ（新品市

場と中古市場）を埋める役割を担っているが、リサイクル事業そのものに着手し成功している社会的企業もある。イギリスの一二の地方自治体がこの企業のリサイクルサービスを受けており、さらに昨年、消費の削減とリサイクルの重要性を啓蒙するための施設をブリストルに開設した。このような活動は、人々の浪費や消費に関する意識改革に役立ち、これはまさに環境・食料・農村問題省が社会的企業に期待していることなのである。また、こういった活動は、廃棄物減少を目指す省庁からも資金の面などで後押しされている。人々が長い目で社会的あるいは地域社会の利益を考えるならば、社会的企業は人々の意識を変える、ということも含め、最適な形態である。

⑤食料：イギリスも、農産物の国際競争にさらされ、大手の巨大スーパーが食品小売市場を独占し、消費者は安い食品を求めており、従来の市街地にある商店や小規模小売業、さらには農業者の経営状況は非常に厳しい状態である。また、そのことは地域のコミュニティの様相を大きく変容させた。こういう動きに対して、社会的企業が中心となって、地域の生産物とコミュニティを再結合させたり、コミュニティを巻き込んだ形での農業や食品産業の再編の動きも出てきた。農産物宅配や直販（ファーマーズマーケット）を推進することで、地域に新たな市場を創造し、消費者と生産者の力を復活させることを目的としたプロジェクトは、バラバラになってしまった地域のフードチェーンを結び直し、持続的なフードシステムを実現することに他ならない。また、フードチェーンが巨大化したため、新鮮な食品を提供

する場所がなくなり、健康への影響が顕著に見られるなど、見捨てられる形になっていたコミュニティに、その場所や機会を提供する活動を行っている社会的企業もある。これは、社会的企業はサービスを提供するだけではなく、健康などの社会的な諸問題にも総合的に取り組むことができることを示している。また、一般の企業が、自然との共生というコミュニティへの貢献という社会的ミッションを実現するために、社会的企業という形に転じる例もあれば（Loch Fyne Oysters：第2章2‐3参照）、全国的・世界的に変革の波の著しい農業政策を本当に理解して対応することは個々の農家では難しいという現状から、農業組合組織として立ち向かっていこうという思いで立ち上がった社会的企業もある（7Y：第2章2‐1参照）。農村は経済的貢献は少ないが、大きな土地面積を有する。このような場所で、いかに持続性を保ちながらコミュニティ全体で生き残っていくか、という大きな課題があるなかで、社会的企業は変革の時代により柔軟に対応していくコミュニティの力を誘発する役割がある。

日本の農村における社会的企業の登場

前節ではイギリスの農村社会的企業の動向の一部を紹介した。日本の農村でも徐々にではあるが、大きく変化する農業・農村の地域実態に応じた多様な形の社会的企業の萌芽がみられるようになった。

わが国には、農村社会のあらゆるニーズに応え、地域をまるごと育んできた世界にも類を見ない総合農協の存在があった。しかし、一九九〇年年代からの広域合併により、中心部に位置しない中山間地域などを中心にサービス供給は希薄化あるいは消滅し、地域は生産のみならず生活の面にまで存立の大きな危機を迎えることとなった。二〇〇〇年代に入るや市町村の広域合併でさらにそうした地域に必要なきめ細かなサービス供給は困難となってきた。こうしたなか、中山間地域などの現場では、総合農協が撤退し、自治体広域合併後の自らの地域の生存を新たな形で模索し始めた事例がある。京都府での農家・非農家を含めたコミュニティ所有による農業法人であり、生産、生活そして環境保全に関わる多様なコミュニティの「必要」を自らが主体となって供給しつつある。中山間地域のコミュニティ生存のための新たな「受け皿」「主体」づくりである。こうしたコミュニティ再生法人の動きとの比較で社会的企業の展望と課題とを検討していく。

本書は、上述のように背景は異なるものの、農村地域において長期間続いてきた従来の地方行財政システムや、またとくに日本の協同組合組織などを取り巻く情勢変化のなかで、新たな地域経営主体としての社会的企業が農村維持・再生などに果たし得る意義と課題を、英・日比較分析の形で考えていく。そこでは一歩先を歩むヨーロッパ、とくにイギリスの農村社会的企業と、わが国中山間地域に自生的に成立してきたそれとの比較が中心となる。

【文献】

（1）C・ボルサガ、J・ドゥフルニ(内山・石塚・柳沢訳)『社会的企業—雇用・福祉サードセクター—』日本経済評論社、二〇〇四
（2）谷本寛治『ソーシャル・エンタープライズ—社会的企業の台頭』中央経済社、二〇〇六
（3）Department of Environment, Food and Rural Affaires, UK, Social Enterprise: Securing the Future, 二〇〇五

第2章　社会的企業について議論する

白石克孝（龍谷大学）

非営利組織論の二つの系譜

非営利非政府組織の法人としての形態はさまざまであり、たとえばＥＵでの非営利非政府組織の定義である社会的経済というとらえ方では、アソシエーション（日本のＮＰＯはこの一部分を構成）に加えて、協同組合や共済組合といった法人組織の形態も非営利非政府組織の形態として認知されている。ＥＵの定義を借りれば農業協同組合、漁業協同組合、森林組合もまた非営利非政府組織となるのである。

これに対して、アメリカでＮＰＯ（非営利組織）として税法（内国歳入法）で認めているものには、協同組合や共済組合は入ってこない。出資者への「利潤」の再配分と見なされるようなしくみが非営利性にそぐわないとされている。また所得の減免税を受けるための公益性とは、組合員に限るのではなく不特定多数の人々が対象とされなくてはならない。

　ところが近年、宮本太郎が指摘するように、この二つの流れにある種の収斂傾向が見られるようになってきた（宮本、二〇〇四）。一方において、非営利性やボランタリズム、あるいはアドボカシー活動が強調されてきたＮＰＯについては、事業型ＮＰＯが広がりをみせ、事業性が強調されるようになってきた。他方において、これまでは組合員の利益を目指して事業活動を展開してきた協同組合のなかで、より普遍的な公共性の追求を目指す協同組合が拡大してきたとする（図２-１）。宮本は、両者の区分が意味を失った

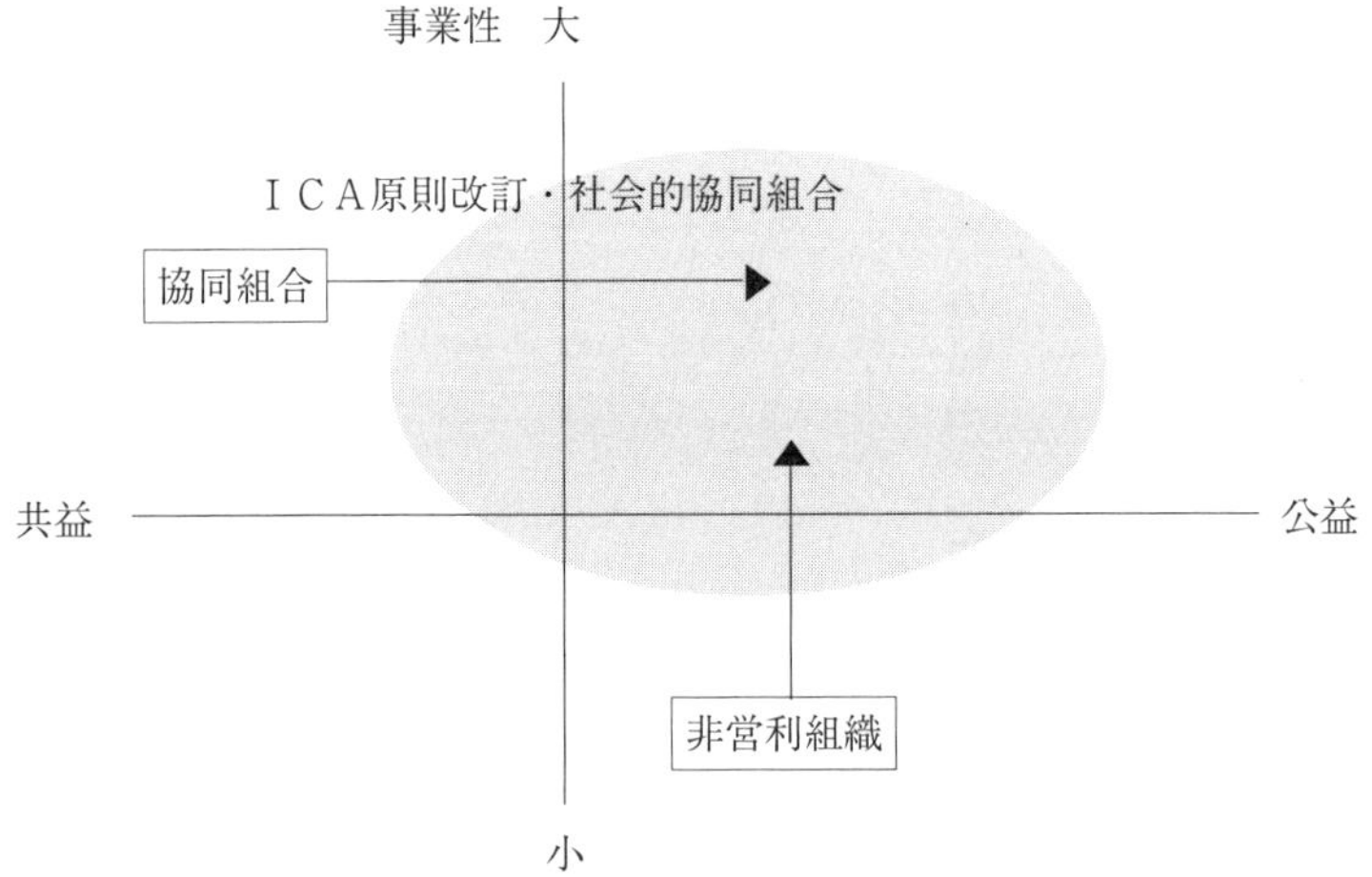

図２-１　非営利組織をめぐる収斂状況

出典：宮本太郎「社会的包摂と非営利組織」（白石克孝編『分権社会の到来と新フレームワーク』所収）
注：ＩＣＡは国際協同組合連盟のこと。1995年に大会でこれまでの活動原則を改定し、「コミュニティへの奉仕」を掲げるようになった事態を指している。

わけではないが、ＮＰＯと協同組合の特性を合わせもつ組織として社会的企業が広がっていると論じ、Ｊ・ドゥフルニの社会企業論を紹介している。

社会的企業という考え方は、こうした非営利組織論と社会的経済論の収斂という新しい動向を象徴するように使われるようになり、実際的にもＥＵとその加盟国では社会的包摂と地域再生の担い手としての位置づけが与えられ、急速に広がりを見せている。

日本においては、川口清史と富沢賢治が社会的経済の研究の発展に大きな役割を果たしてきたが、この二人の共編著において、「非営利・協同組織」「非営利・協同経済」「非営利・協同セクター」という言葉を採用して、二つの非営利組織論の系譜を統合して論じようとしたように（川口・富沢、一九九九）、日本ではＮＰＯと社会的経済の区分よりも、両者の組織に架橋する論理を探ることが課題として受け止められてきた。こうした日本における研究の背景もあって、日本の研究者の間では社会的企業という概念は肯定的に議論され、導入されている。

社会的企業の定義　―ヨーロッパの文脈

社会的企業研究における必読文献ともなっているカルロ・ボルザガとジャック・ドゥフルニ編の『社会的企業』の緒論において、ドゥフルニが社会的企業を協同組合と非営利組織の交差空間に存在するものとして図２‐２を提示した際に、この本の著者たちはそこに新しい主体を見いだしていた。言い換えれば社会的企業という考え方をもって、ＮＰＯと社会的経済の二つの非営利組織論を止揚するような新しい組織類型が誕生していることを示そうとしたのである。

同書の緒論においてドゥフルニは、社会的企業の試論的定義として次の九点を基準として掲げた（解説は筆者による要約）。

経済的・企業家的な側面に関わる基準として、

①財・サービスの生産・供給の継続的活動：アドボカシー活動や助成財団のような金融フローによる　再配分を主たる目的にするのではなく、財の生産やサービスの供給に直接関与する。

②高度の自立性：公的な資金に依拠することがあるとしても、行政や他の組織に管理されることはない。

③経済的リスクの高さ：財政的な存立可能性は努力次第で

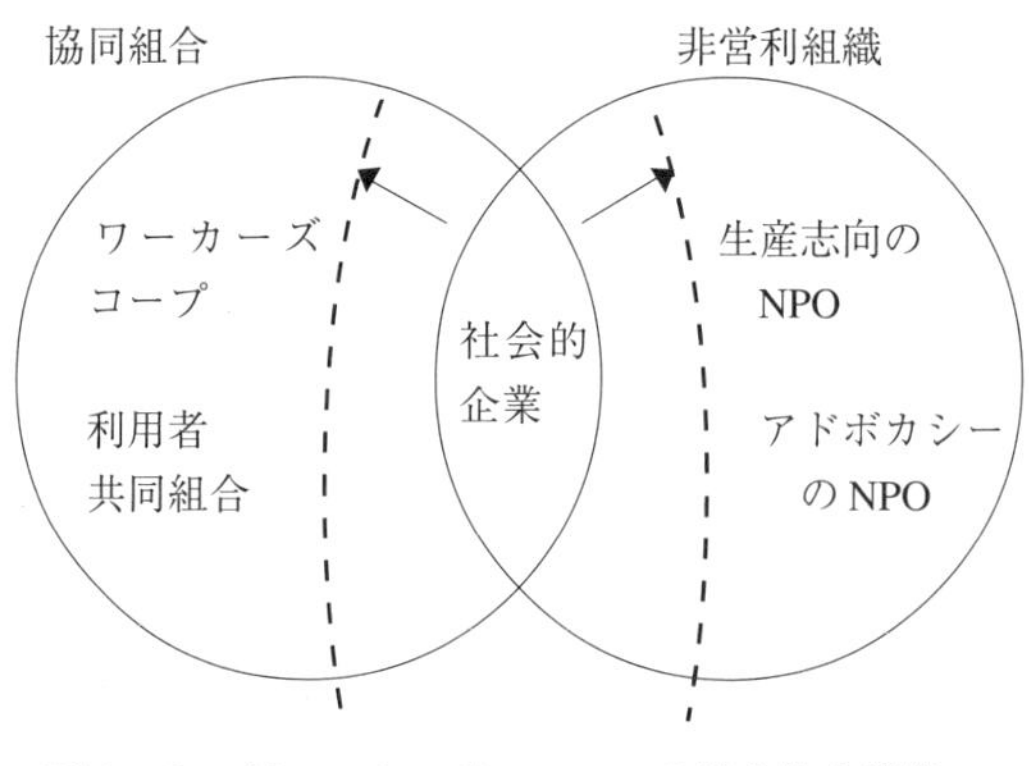

図２‐２　ジャック・ドゥフルニの社会的企業像

出典：ボルザガ、ドゥフルニ編『社会的企業』

ある。

④**最小量の有償労働**：社会的企業の活動には有償の賃金労働者が必要である。社会的な側面に関わる基準として、

⑤**コミュニティへの貢献という明確な目的**：地域レベルで社会的責任を自ら望んで発揮しようとする。

⑥**市民グループが設立する組織**：発足や活動に際してコミュニティあるいは市民の関与がある。

⑦**資本所有に基づかない意思決定**：資本持ち株数の多寡によって区別されることのない組織統制に関わる投票権。

⑧**活動によって影響を受ける人々による参加**：顧客の代表権と参加、ステークホルダー志向、民主的な管理方式。

⑨**利潤分配の制限**：（NPOのように）利潤非配分制約を特徴とする組織だけでなく、（一部の国の協同組合のように）利潤極大化行動を抑制する組織も含まれる。

ヨーロッパの多くの議論では、組織の「社会的所有・管理」が社会的企業の重要な要件とする考え方がなされている。たとえばイギリスの社会的企業連合（Social Enterprise Coalition）の社会的企業の特徴づけは典型的なものである。そこでは企業的指向、社会的目的、社会的所有形態の三つを基本的特徴としてあげており、所有形態の多様性を認めつつも、組織の自立的な運営をガバナンスのあり方だけでなく

所有にも関連づけて論じている。ただその際には、所有のあり方を、原則としてではなく多くの事例はそうであるという扱いをしている。ただしここでのねらいは、所有形態そのものにあるのではなく、ドゥフルニが提示した⑦と⑧にあると言える。そしてそれを保証しようとすれば社会的所有がふさわしいという結論になっていることを確認しておきたい。

社会的企業の定義　―アメリカの文脈

ドゥフルニに代表される社会的企業の定義は、いわば非営利・協同の組織のあり方論からのアプローチが中心にすえられている。これに対して、アメリカでは企業の立場からＣＳＲ（Corporate Social Responsibility：企業の社会的責任）のような議論が出て、その議論の延長線上に営利組織のあり方論として社会的企業の存在を考えるアプローチも存在している。私たちは社会的企業について非営利組織の文脈からと同時に営利組織の文脈からも論じる必要があると考える。

ヨーロッパとアメリカの社会的企業論を比較して論じている谷本寛治と北島健一は、純粋にフィランソロピー的な活動と純粋に営利的な活動を両極において、その中間にある混合的な企業を社会的企業として位置づけるグレゴリー・ディーズの議論を、ともにアメリカ的な社会的企業論アプローチとして紹介している（図2-3参照）。

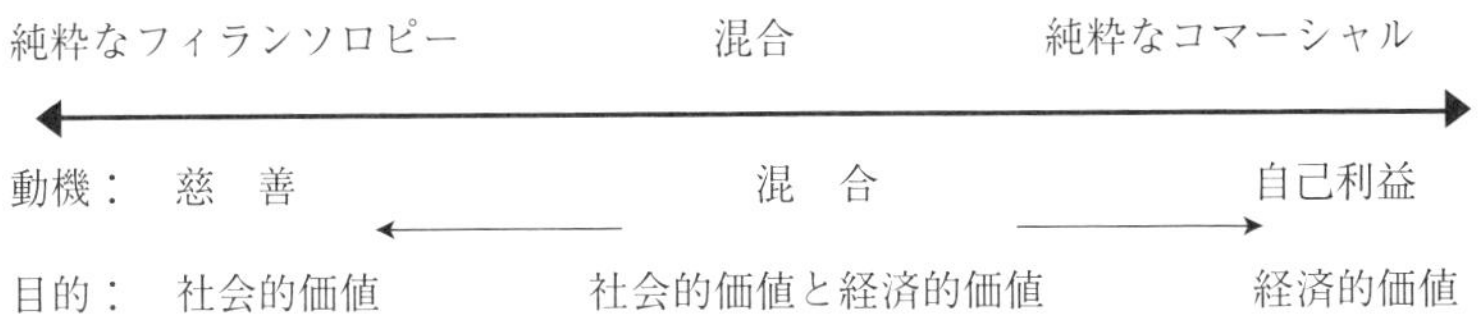

図２-３　ディーズによる社会的企業のスペクトル

注：ディーズの表を大幅にカットして筆者が作成
出典：原典はG.J.Dees (1998) "Enterprising Nonprofit", Harvard Business Review, 76 (1)　これを詳細に邦訳した図は、北島健一「社会的企業論の射程－フランス、イギリス、アメリカの認識の差」『社会運動』通巻307号

谷本寛治はその編著『ソーシャル・エンタープライズ』（二〇〇六）の中で、ヨーロッパとアメリカにおける社会的企業論を概括しながら、自らの結論として、社会的企業（原文ではソーシャル・エンタープライズ）として、「事業型ＮＰＯ」、「中間形態の事業体」―ヨーロッパでは多様な法人形態があるとして、事例としてイギリスの法人（会社法人ではない）を列挙している―、「社会志向型企業」―社会的課題の解決をビジネスとして取り組んでいこうと設立された会社―、「一般企業」による社会的事業（ＣＳＲ）の四つを重要な担い手としてあげている。

谷本はこうして社会的企業の担い手を営利企業にまで拡大しつつ、社会的企業の基本的特徴を構成する三要件として、「社会性（社会的ミッション）」、「事業性（社会的事業体）」、「革新性（ソーシャル・イノベーション）」を提示し、上記の四つの組織形態に覆い被さるものとして社会的企業を位置づけている（図２-４）。

北島健一は「社会的企業論の射程」と題した講演の中で、ヨーロッパとアメリカの社会的企業論の認識の違いについて論じている。アメリカの社会的企業論の特徴として、「アメリカの社会的企業論は、組織の特徴から入っていくのではなくて、（中略）どういう目的をもってどういう資源を用いて生産していくのかに着目していくアプローチを採る傾向が強い」（北島、二〇〇五）と分析し、現在では「純粋にフィランソロピー的な活動」と「純粋にコマーシャルな活動」との境界がぼやけており、その領域に社会的企業が存在しているというアメリカにおける社会的企業論の立論について分析している。北島はさらにアメリカにおける社会的企業の実態として、一方で利益そのものを求める企業活動を行い、他方で社会的貢献活動も行うという形もまた社会的企業のあり方としてとらえていることがアメリカでの認識であると論じている。

社会的企業の定義 ―社会的とはどういうことか

社会的企業の範疇に営利組織（会社法人）も入るとする立場から

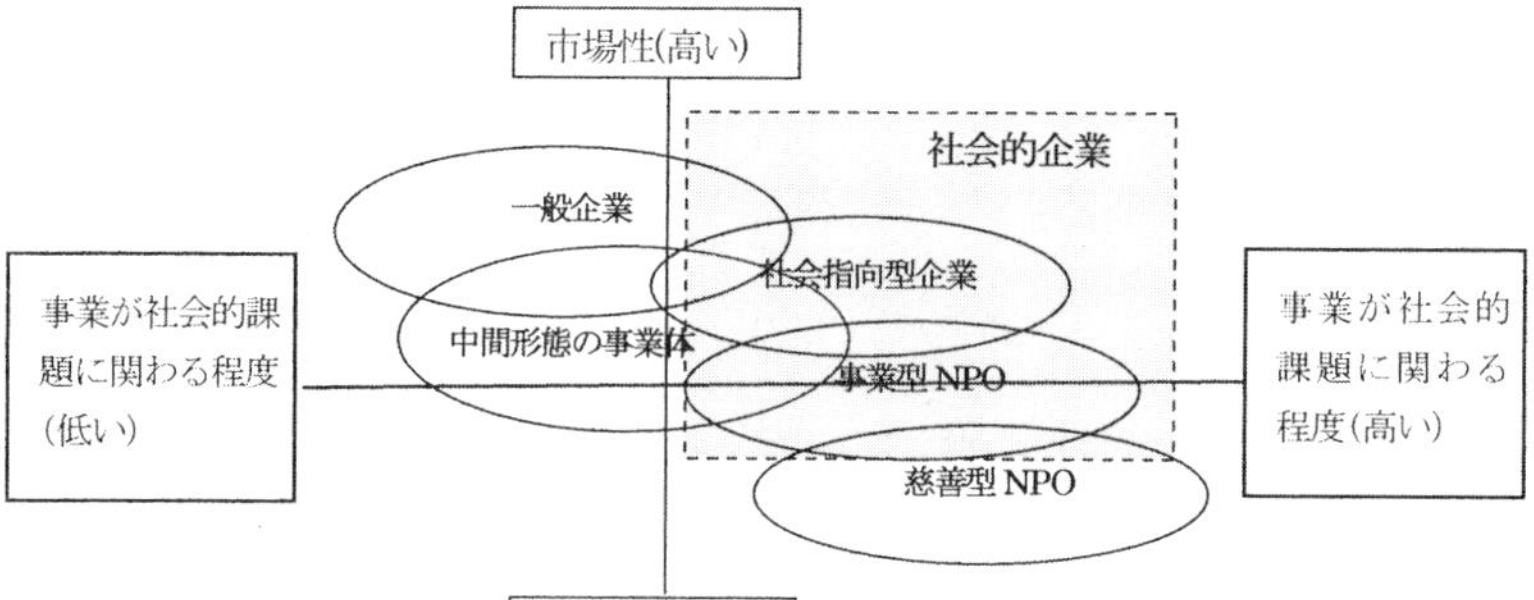

図２‐４　谷本寛治による各事業体の位置づけ

筆者たちは本書を執筆している。所有形態そのものを定義的で原則的な問題とするよりも、社会的企業が社会的事業を組織内外でより説得的に進めていくには、組織運営に関する民主的な意思決定、ステークホルダー（利害関係者）による参加が欠かせないという運営方針の問題とした方が、社会的企業を分類からではなくダイナミズムからとらえることができるのではないか。これが事例分析から導き出した筆者たちの結論である。

また、これまで非営利組織論の立場から社会的経済論の立場に投げかけられてきた論点である、利潤の非分配制約と公益性に関してはどう考えればいいのか。利潤の非配分制約に関しては、利潤追求を企業ミッションの第一義としないと置き換えて定義すればよいと考える。また公益性に関しては、財やサービスの提供が、組合員などのように限定された構成員ではなく、いわば不特定多数が対象となるという意味での公益性は、私益に対して共益と公益とをともに社会益として対置して定義すればよいと考える（ＵＦＪ総研、二〇〇五）。

原則であるとともに定義にも関わって論じなくてはならないのは、そもそも社会的とは何かということである。この点について最も示唆的な事例は、社会的企業の典型とされるイタリアの社会的協同組合である。一九九一年の法制定によって導入された社会的協同組合においては、提供する財やサービスが社会的であること、社会的な疎外によって雇用機会から遠ざけられている人々に就労の場を提供すること、この二つの要素の片方あるいは両方があることで「社会的」な協同組合として認められる。

この発想にならえば、社会やコミュニティに必要とされているが、政府や市場を通じてでは十全に流通しない財やサービスを供給すること、ジェンダー、人種、宗教、言語、教育、障害、長期失業などを理由とした社会からの疎外を被っている人々、困難な地域条件を抱えている地域の人々が就労できるような取り組みをしていること、これらにマッチする事業体を社会的企業と呼ぶことが理解しやすい。社会的企業が社会的というのは、提供する財やサービスが社会的であること、社会的な疎外によって雇用機会から遠ざけられている人々に就労の場を提供すること、あるいはその両者を兼ねていることである。

提供する財やサービスが社会的であるというのは何を指すのか。経済学的に言えば、公共財と民間財の間に広がる混合財というのがこれにあてはまる。またいわゆるクラブ財についてはこれをコミュニティ財あるいは地域公共財としてとらえて混合財の中に含めればよいと考える。

ただしこの公共財と民間財というのは絶対的な指標ではなく、相対的な指標でしか測れないものである。わかりやすく例え話をすれば、大都会の繁盛するデパートにある食料品店と、中山間地域にあって近隣で唯一の存在である食料品店とでは、同じ民間財を扱っていたとしても、地域におけるその存在は、前者がより市場的で純粋民間財としての性格を有しており、後者がより社会的で公共財的な性格を有していることになる。その店の存在が地域の人々の生存にとってより不可欠（ベーシック）な財やサービス

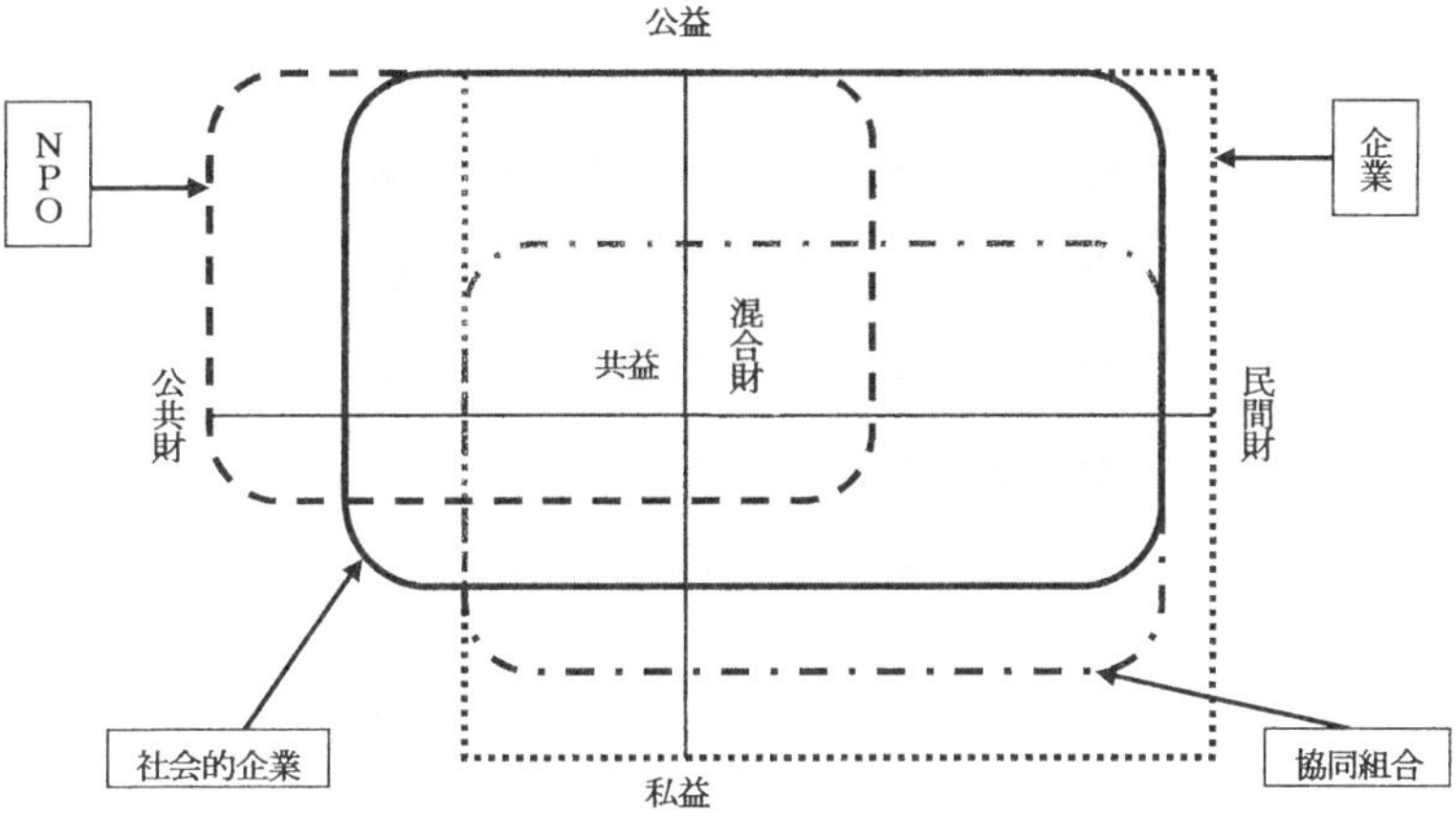

図２－５　社会的企業の位置づけ

の提供に関わっているからであり、代替の店へのアクセシビリティの保証が誰にとっても平等という訳にはいかないからである。

筆者のここまでの議論をふまえれば、社会的企業の民間組織（非政府組織）としての位置づけは、図２-５に示すように、公共財と混合財と民間財を横軸に、公益と共益と私益を縦軸にとって表すことができる。またドゥフルニの定義を借りながら社会的企業を定義的に描写すればそれは次のようになる。ただしここでのコミュニティは地域コミュニティには限定されていない。

社会的企業とは、利潤追求を第一義とするのではなく、「コミュニティへの貢献という明確な目的」をもって、社会的な「財・サービスの生産・供給の継続的活動」を行うために、可能な限りでの社会的な雇用を含む「有償労働」者を有して、「経済的リスクの高さ」を負うような経営体として、行政や他の組織に管理されることなく「高度の自立性」を保つことを組織原則とする企業である。図2-5が示していることは、（1）社会的企業は純粋公共財に限りなく近似した公共財を供給する準政府的な組織体ではない。（2）社会的企業は準公共財と特徴づけることができるような混合財、民間財の特徴を備えてはいても必ずしも誰でもが市場から容易に入手することができない混合財を供給する企業である。（3）社会的企業は私益ではなく公益や共益を追求する企業である。（4）また社会的企業は社会的協同組合と非営利組織の交差空間に存在する事業組織体としてだけでなく、ソーシャルマーケットを対象とした営利企業的な性格をもち合わせた事業組織体として位置づけることができる。

社会的企業の法人形態　―イギリスの場合

イギリスでは、社会的企業を名乗る場合にその事業体の形態や法人格はさまざまであった。イギリスでは協同組合ごとに個別固有の法人格はなく「産業および節約組合法」に基づいて協同組合を設立できるが、こうした各種の事業活動を行う「協同組合」（たとえば労働者協同組合、住宅協同組合、消費者協同組合）、地域住民が出資して所有する「コミュニティビジネス」、労働市場で社会的排除にあっている人々の職業訓練と雇用の場の提供を目指す「媒介的労働市場会社」、障害者の雇用の創出を目的とする「ソーシャルファーム」、コミュニティ再生のための活動を行う「開発トラスト」、従業員によって所有・管理される「従業員所有会社」、チャリティ登録団体が事業活動のためにつくる「有限責任会社」、「クレジットユニオン」をはじめとする地域金融、「ＬＥＴＳ（地域通貨）」などが単独で、あるいはさまざまな組織や事業体がグループ化して社会的企業を名乗っている。大陸ヨーロッパ諸国が協同組合に傾斜していることに比べれば、イギリスではアメリカ的な会社法人タイプの事業体をも巻き込んでいることが特徴である。

ボザルガとドゥフルニの『社会的企業』でもふれられているように、ＥＵ加盟諸国の間では、イタリアの社会的協同組合を嚆矢として、社会的企業の促進と支援を意図した新たな法人格を規定する法律が続々と誕生している。イギリスもその例外ではない。ブレア労働党政権は社会的企業を地域再生の新たな主体として位置づけ、その支援を大きく打ち出している（中川、二〇〇五‐１／中島、二〇〇五）。二〇〇一年に貿易産業省は「社会的企業局ユニット」を設置し、さらに二〇〇五年七月にはコミュニティ利益会社法を制定して、新たな法人格としてコミュニティ利益会社（Community Interest Company：ＣＩＣ）を設けた（中川、二〇〇五‐１／二〇〇五‐２／中島、二〇〇五）。

コミュニティ利益会社は会社としての適切な組織構造をもち、コミュニティ全体の利益を満足させる事業を行う目的があれば容易に設立でき、会社法人としての柔軟性を全て備えている。コミュニティの利益のために機能することを確かにするために、コミュニティ利益会社にはいくつかの要件が科せられている。基本的なものを列挙すると、(1)登録の適格性審査にあたる「コミュニティ利益試験(Community Interest Test)」を受ける、(2)利益をコミュニティまたは公共のために再投資することを求め、利益や資産に一定の限度を設ける、(3)株式を発行できるが発行量には上限を設け、配当額にも一定割合の限度を設ける、(4)ステークホルダーが運営に参加できるしくみを確保する、(5)投資家が活動をコントロールする権利に制限を与える、(6)活動がコミュニティ利益に役立ってきたかを示す簡略なコミュニティ利益年次報告書を提出する、ことがコミュニティ利益会社に求められる法規定となっている。なおチャリティ登録団体が受けていたような税制上の優遇措置は適用されない。

コミュニティ利益会社という出資型非営利会社が設立可能になることで、イギリスにおける社会的企業の選択肢はさらに広がったと理解されている。ただし実際に多くのコミュニティ利益会社が設置されていくかは、その支援政策も含めて、今後の推移を見ていく必要があろう。

社会的企業の法人形態　―日本の場合

これまで日本では会社法人以外の民法法人の設立には大きな制約があり、協同組合の設立もイギリスのように容易ではない。特定非営利活動法人(NPO法人)にしても一〇〇年の歴史をもつ旧態然とした民法体系を作り替えて設けられたものではなかった。

会社法人以外の民法法人では、公益法人制度改革関連三法と一〇〇年ぶりの民法大改正によって、これまで民法三四条法人とよばれてきた公益法人（社団または財団）の改革が進むことになった。公益法人改革の議論の過程で、出資を募ることが可能な出資型非営利法人（あるいは拠出型非営利法人）が議題には上ったものの、改革テーマは公益法人の改革であって、社会的企業の設立やＮＰＯ法人の改革は民法改正と非営利法人法制定のテーマとはならなかった。現段階ではまだ未施行である新公益法人（一般社団法人と公益社団法人）が、社会的企業にふさわしい法人の一つとなり得るかどうかは、まだ判断はできない。

イギリスでは労働者協同組合（ワーカーズコープ）が社会的企業として活躍しており、ＥＵ加盟国の多くが、労働者協同組合の設立を可能にし、税制優遇も含めた支援を含むような法律をもっている。労働者協同組合は働く人々と市民が出資し、労働を担い、そして民主的な経営をして、人と地域に役立つ仕事を目指す、労働者の協同労働を可能にする協同組合としてとらえられており、日本においては、ワーカズコレクティブネットワークジャパン（藤木千草代表）による「ワーカズコレクティブ法案要綱」、「『協同労働の協同組合』法制化を目指す市民会議」（大内力代表―当時）による「協同労働の協同組合法案」などが提案されるなど、その設立を求める動きは協同組合や労働組合の中で広がりつつあるが、政府レベルでの法制化の議論は進んでいない。

同様な動きとして、個別に協同組合の設立を認めるような従来の法のあり方ではなく、あらゆる協同組合の設立根拠法となる法として「統一協同組合法」あるいは「協同組合基本法」の制定を求める運動もあるが、これもまた出資型非営利法人と同様に現実味を帯びていない段階にある（粕谷、二〇〇六）。

会社法人に関しても大きな制度改正がなされている。二〇〇六年には会社法が改正され、株式会社への規制が緩やかになるとともに、アメリカにならって、日本版ＬＬＣである合同会社が制度化された。会社法改正によって会社法人でも営利目的でない事業を事業目的に組み込むことが可能になった。とりわけ合同会社は有限責任の会社設立が一人でも可能で、また出資金も一円から可能であり、利益分配も定款で自由に決めることができ、さらには出資者全員が業務執行にあたる（出資のみの参加は原則としてできない）という要件が科されるなど、社会的企業を目指している起業者にとって選択肢となる会社法人であると考えられる。ただ合同会社それ自体は社会的企業であることが求められている訳ではないのであって、合同会社が日本においての社会的企業の一つの典型になり得るのかどうかは未知数である。

法人組織とは異なるが、イギリスにならって、二〇〇五年に日本版ＬＬＰである有限責任事業組合が制度化された。ＬＬＰは、民法組合制度の特例として、出資者全員が有限責任制の事業組合を創設し、内部自治、構成員課税の特徴をもつ新たな事業体である。一般的な民法組合と同様、その業務執行者の名義で契約をし、財産を所有し、訴訟を行うことができ、その効果は全出資者に及ぶ（契約などの主体性）。

また、民法組合と同様、知的財産権や不動産も組合財産として保有でき、出資者の個人債権者はこれを差し押さえることができない（組合財産の独立性）。このように、有限責任事業組合には法人格はないものの、経済主体として十分機能でき、個人や組織がジョイントして事業を行う場合に適した組織形態として、社会的企業の事業母体となっていく可能性をもっている。

以上のように日本の社会的企業を取り巻く状況は、非営利組織や協同組合の発展というイメージで社会的企業を描くというヨーロッパ的な環境整備ではなく、営利企業の新たな展開というアメリカ的な環境整備が先行しているといえよう。イギリスにおいても、そして日本においても、社会的企業にふさわしい法人制度の模索はまだ緒についたばかりである。また筆者の定義からすれば、社会的企業は多様な法人形態で担い得るものである。本書で紹介される事例においてもさまざまな法人形態が登場してくることになる。

【文献】

（1）　宮本太郎「社会的包摂と非営利組織―ヨーロッパの経験から」白石克孝編『分権社会の到来と新フレームワーク』日本評論社、二〇〇四
（2）　川口清史・富沢賢治編『福祉社会と非営利・協同セクター―ヨーロッパの挑戦と日本の課題』日本経済評論

社、一九九九
（3）C・ボルサガ、J・ドゥフルニ（内山・石塚・柳沢訳）『社会的企業―雇用・福祉のサードセクター』日本経済評論社、二〇〇四
（4）Dees, J. Gregory "Enterprising Nonprofit", Harvard Business Review, 76, January -February, 一九九八
（5）谷本寛治「ソーシャルエンタープライズ（社会的企業）の台頭」谷本寛治編著『ソーシャル・エンタープライズ―社会的企業の台頭』中央経済社、二〇〇六
（6）北島健一「社会的企業論の射程―フランス、イギリス、アメリカの認識の差」『社会運動』通巻三〇七、二〇〇五
（7）UFJ総研『ソーシャルマーケットの将来性に関する調査研究報告書―共助・互助が支える生活の安心』経済産業省、二〇〇五
（8）中川雄一郎『社会的企業とコミュニティの再生―イギリスでの試みに学ぶ』大月書店、二〇〇五―1
（9）中島恵理「EU・イギリスにおける社会的包摂とソーシャルエコノミー」『大原社会問題研究所雑誌』五六一号、法政大学出版局、二〇〇五
（10）中川雄一郎「コミュニティ利益会社（CIC）と社会的企業（その1）」『協同の發見』協同総合研究所、二〇〇五年七月号、二〇〇五‐2
（11）中川雄一郎「コミュニティ利益会社（CIC）と社会的企業（その2）」『協同の發見』協同総合研究所、二〇〇五年八月号、二〇〇五‐3
（12）粕谷信次「なぜ、T・ジャンテ氏を招請して、シンポジウムを開催するか―「社会的企業」による「サードセクター」の革新、そして「連帯」に基づく経済システムの構築を目指して」『勃興する社会的企業と社会的経済―T・ジャンテ氏招聘市民国際フォーラムの記録』同時代社、二〇〇六

第3章　イギリスの農村社会的企業

3-1　地域農業・農村振興のための社会的企業
―協同組合から社会的企業へ移行した「7Yサービス Ltd.」

柏　雅之
重藤さわ子

はじめに

ヘレフォードシャー・レミンスターの中規模家族農業経営者ニック・ヘルム氏が、今後のイギリスおよび地域農業の容易ならざらぬ前途を鑑み、一九九一年にイギリスでは希少なマシナリーリング（機械共同利用斡旋事業）を、会員所有の協同組合（「7Yマシナリーリング」: Industrial & Provident Society: I&Pソサエティ）として設立した。その際、政府から一万ポンドの支援と各組合員から四〇ポンドの初期投資を受けた。その後、イギリスおよび地域農業の変化、とりわけ困難さを認識するなかで、起業家的視座のもとで、会員に多様かつ今後新たに必要となるであろうサービスを供給するように経営多角化を推進した。こうした対応のため、一〇年ほど続いた協同組合組織を会社形態に移行、会員所有の「7Yマシナリーリング Ltd. I&Pソサエティ」および一〇名の会員代表者の投資による「7Yサービス」を設立した。こうした経営多角化は、設立当初の目的である農村経済におけるステークホルダーへの利益還元という7Yのコア・フォーカスを変えるものではなかった。

現在、7Yは四五〇名の会員兼株式保有者（shareholder subscriber）による持ち株会社（7Yホールディング Ltd.）により所有されるが、その他、株式非保有会員（二〇名）も、サービス受益のみならず7Yのビジネス管理に関与している。彼らへの利益が依然として法人の最優先関心事項である。さらに非会員も含めた地域内の顧客へのサービス供給の視座も同時にもつ。7Yは、地域農業、といってもイギリス土地利用型農業全般だが、その苦境下での、やむを得ざる構造変化、すなわち中規模家族経営層の分解の強い可能性に対応した新たなサービス供給を行っている。第一は、上向促進型サービスである。第二は、離農あるいは経営から解雇される労働力に対する新たな就業機会獲得（ただし地域内就業を目指す）のためのトレーニング事業をミッションとするものである。ただ、この場合、彼らの地域内就業を目指している。事業としての比重は後者に重きがある。

その他、独自のあるいは環境・食料・農村問題省（ＤＥＦＲＡ）の支援によるコミュニティ・サポート事業も担う。これは、７Ｙがこれまで培ってきたトレーニング事業（とくに農業者）などの成果が活かされるもので、政策（「イングランド農業開発計画」）の現場での実施機能を担うものといえる。

本稿では、こうした概要の７Ｙを協同組合組織から移行した地域農業・農村振興のための社会的企業であると考え、その意義と課題を検討していく。

協同組合組織からの法人形態転換

①二度にわたる組織改編

他のイギリスの協同組合組織同様に７Ｙも設立当初産業共済組合（Industrial & Provident Society: Ｉ＆Ｐソサイエティ）の形態をとったが、事業範囲は地域に立脚し続けていたものの、変化する農村ビジネス市場の変化に対応した経営多角化やサービス供給主体の多様化などの視座から、組織形態の改編が求められた。図３-１に示す組織改編である（第一次組織改編）。まず、従来のマシナリーリング事業はＩ＆Ｐソサイエティ資格をもつ７ＹマシナリーリングLtd.として四五〇名の会員による所有・管理がなされたが、職業トレーニングをはじめとする多様なサービスを会員以外にも供給するために、新たに会員のなかから一〇名のダイレクターが選任され、その出資によって「７Ｙサービス」が設立され、協同組合組織で

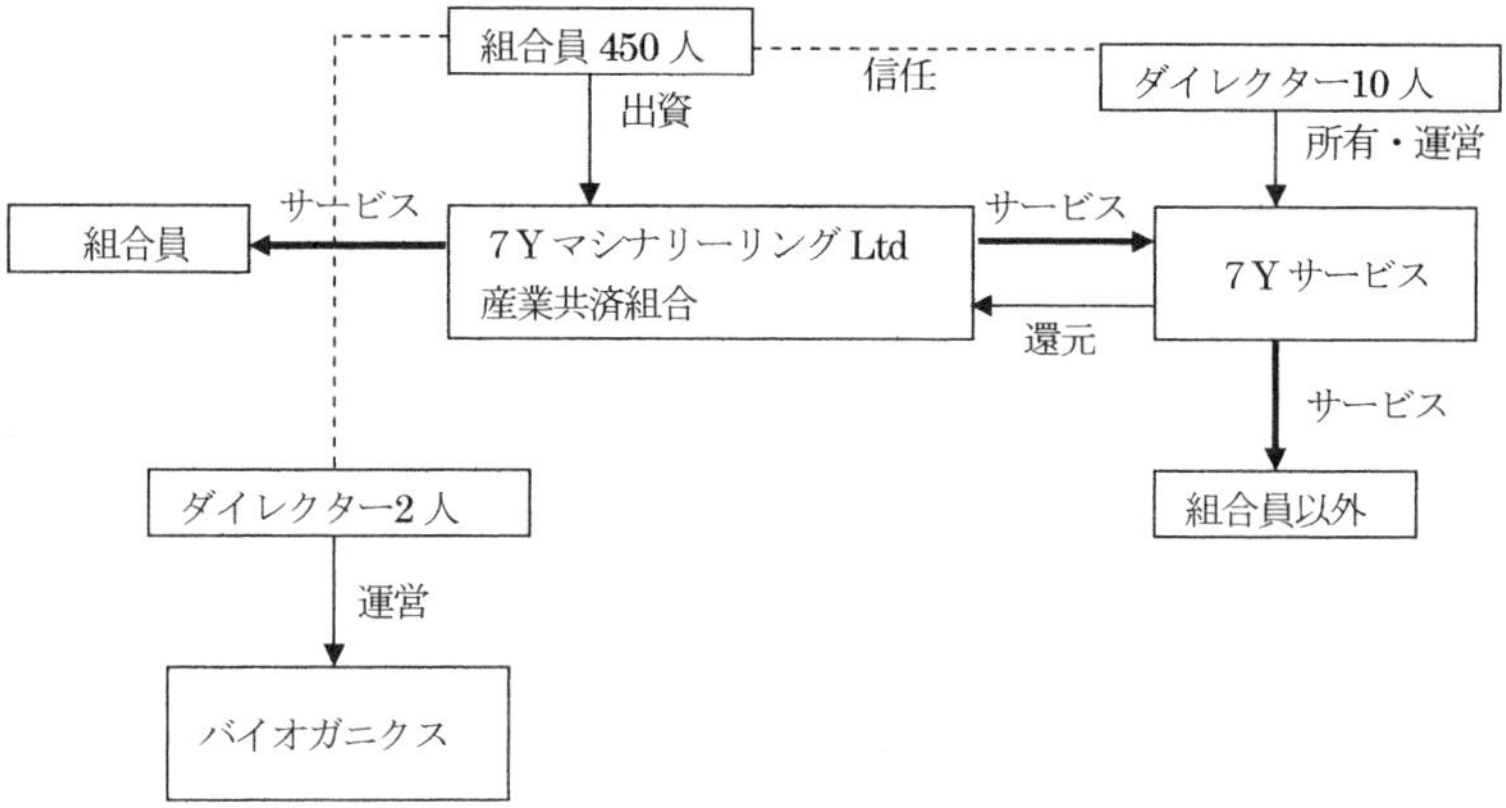

図3－1　7Yの企業形態

出典：English Farming and Food Partnerships Limited (EFFP), Case Studies

は対応しがたい非会員に対するサービス供給を行うようになった。さらに新たな新規収益的事業であるコンポスト事業は、同じく会員から二名のダイレクターが選任され、「バイオガニクス（Bioganix）」部門が設立された。

しかし、そこではこの組織全体が生みだす収益の株主（組合員が兼ねる）への還元システムが不明瞭となる。また法人がI&Pソサエティ資格をもつことは、その規定上株主に組織が得た価値を還元するのにいささか不便である。こうした状況下で、選任されたダイレクターたちは二〇〇四年に思い切った法人形態改編を軸とする第二次組織改編を実施した（図3－2）。そこでは、農家や農村ビジネス関係者からなる組合設立時からの会員四五〇名が株主となり、持ち株会社「7Yホールディングス Ltd.」を設立する。従来の7Yマシナリーリング Ltd.は発展解消し、上記持ち株会社一〇〇％出資の「7Yサービス Ltd」へ移行した。また高収益部門のバ

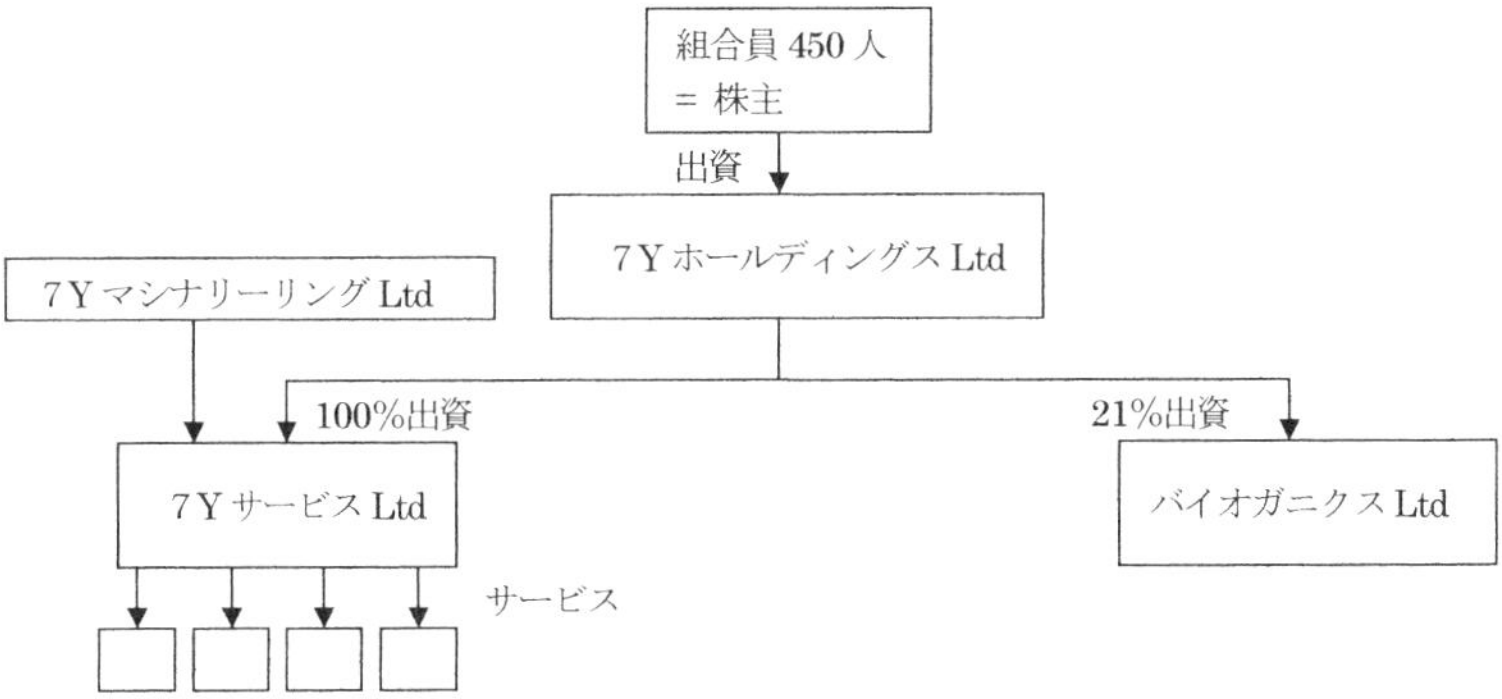

図３－２　組織改編後の７Ｙの企業形態

出典：English Farming and Food Partnerships Limited (EFFP), Case Studies

イオガニクスは新たに同持ち株会社二一％出資の「バイオガニクス Ltd.」へと移行した。７Yサービス Ltd. は、マシナリーリングを軸とする地域農業支援部門をはじめとする後述の五つのビジネスユニットを擁する。このように法人形態は変更されたが、その基本は協同組合時代のほとんどの組合員が出資・参画する持ち株会社をとおして、彼らによるグループの所有・管理がなされ、その事業の焦点は地域の農業者や農村振興にあてられ続ける。

ここで留意すべきは株式保有規則である。こうした会員による持ち株会社株主は当初各自一〇株を保有するが、その売買に関しては厳しい諸条件が課される。一例として、いかなる株主も二％の所有率上限が課され、また株式の新規取得希望者は必ず７Y理事会による承認を経なければならない。さらに、株主の会社事業への共同参画をより担保するように、全株主は旧組合員の流れをもつ会員として登録され毎年会費を支払う必要がある。

なお、7Yグループからのサービスを受けるには年会費を支払う会員である必要があるが、株主である必要はない。なお、株主会員と非株主会員のほかに今後は非会員の顧客も想定している。それは「新農村ビジネス」の担い手たちであり、7Yの今後の経営成長戦略のなかでの潜在的な顧客に位置づけられている。

②組織改編によるさらなるメリット

こうした組織改編のメリットとして、(1)マネージャーと従業員双方における〝インセンティブ〟付与(全マネージャーと多くの従業員が株式保有者だが、給与方式の改編を通じて)、(2)「新農村ビジネス」の担い手に焦点を当てた今後の会員数増加、(3)I&Pステータスでは困難であった多様なビジネス展開や合弁事業などの可能性、(4)オーバーヘッドコストの増加なしに新事業分野を追加し得る可能性、があげられる。

こうしたなかで、7Yグループは二〇〇五年七月から一年間で五〇%以上の従業員増、三〇%の売上高増加を果たしてきた。株主、会員、農村コミュニティの利益のために今後も経営成長を続けねばならない立場におかれている。

事業内容の特徴

図3-2にあるように7Yサービス Ltd. は以下の五つの専任マネージャーのいるビジネスユニットをもつ。

①学習訓練ユニット（「Learning」）

実践的な農業関連の技能や経営管理能力の向上、農家の経営多角化の技能習得、さらに農村ビジネスの起業や経営管理に関する能力をもたせるための事業部門である。この分野は一九九〇年代の7Yマシナリーリング時代の多角化路線のなかで重点をおいてきた部門の一つである（一九九六年から本格的に開始）。こうしたなかで、当ユニットの事業はDEFRAから、共通農業政策の「第二の主柱（農村開発）」遂行のために策定されたイングランド農村開発計画（ERDP）のなかの「職業訓練計画（Vocational Training Scheme: VTS）」の施策デリバリー主体として支援を受けている。

主な分野として、（1）ビジネススキル・マーケティング、（2）フード・ライフスタイル、（3）機械・機器操作技術（テクニカルスキル）、（4）基礎的および農業経営管理のためのIT習得、（5）健康・安全、（6）環境保全技術・マネジメントの六つがある。全四〇コース、一分野あたり約七コースという充実ぶりである。受講者は上記コースのなかで農業、園芸、林業関連を選択する場合はVTSの基金を利用することができる。

②**ロジスティクス**

7Yマシナリーリングの事業内容（農業機械銀行）に加えて農作業の全領域にわたる契約請負、会員のための燃料等資材共同購入や家禽廃棄物系や他の有機質肥料の散布などの代行を行う。

③**人材派遣事業**（「People」）

農業労働力をはじめ工場労働者やオフィスワークなど幅広い領域をカバーする。また中・東欧からの季節農業労働者の派遣なども行う。ニーズに柔軟に応えられるように、農業大学出身者、能力のある若手を積極的に雇用して、サービスの質の向上に努めている。

④**事業支援**（「Support」）

会計、給与管理はじめ幅広いビジネスのアウトソーシング事業、企業戦略などに関するコンサルタント、技術的サポートなどを内容とする農村企業支援事業である。

⑤**テクノロジー**

地域内の多様な主体に対するコンピューター関連の支援事業である。トレーニング、ウェッブサイトのデザイン設計・作成、システム開発や管理などを内容とする。

以上、五つの事業を示したが、それらは基本的に会員の多様なニーズを受け止めることが基本となっている。好例として、「7Y家禽廃棄物事業」がある。ヘレフォードシャー地域では家禽生産が盛んだが、その廃棄物処理が大問題である。7Yの少なからぬ会員はこの問題に直面していた。彼らの要請を契機に7Yによる事業化が開始されたのである。「われわれは会員の関心事をつねに見つけだし多大な対応を行う」という。また、この農村地域の維持発展のため、そして変革のさなかにある地域農業を支援するために、利益率のよい部門がロジスティクなど利益率の低い部門を支えることを辞せず、長期的に全体的な利益率の向上に努めている。

変革期にある農業情勢を考慮した7Yの会員支援戦略

7Yは「地域農業を取り巻く今後の情勢変化に応じて、現在の顧客のニーズ変化への対応のみならず、将来の顧客のニーズに対応できるようにわれわれは事業展開を図る」という。アジェンダ二〇〇〇改革やWTO農業交渉などを背景に、イギリス農業は困難に直面しつつある。こうしたなかで、7Yは地元のヘレフォードシャーを中心に、シュロップシャー、ウスターシャー、グロスターシャーなどの地域農業の実態をよく観察し、今後のサービス展開戦略を検討し実行しつつある。そのサービスとは、現状の農業情勢下での顧客のニーズに対応するものであるとともに、将来大きな変動が予想される農業情勢に対応した適切で戦略的なものであることを意味する。後者について7Yは「市場区分戦略（Market Segmentation Strategies）」とよぶ。図3-3はその構図を示す。

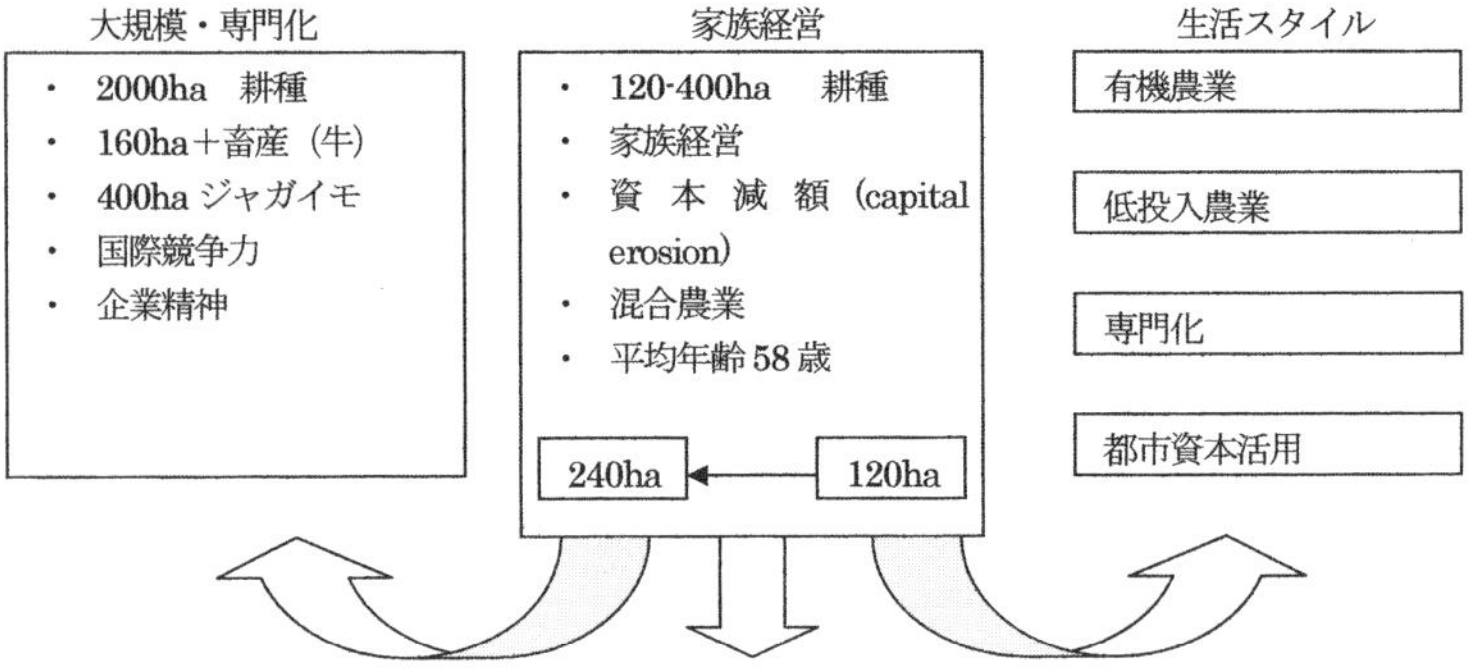

図3 - 3　7Yの市場区分戦略

出典：7Y資料および聞き取り調査による

7Yの会員はじめ顧客は従来から図の中心にある家族経営であり続けてきた。一二〇～四〇〇ヘクタールほどの耕地を保有し混合農業（mixed farming）を行い、現在経営者の平均年齢は五八歳程度、資本の衰退を起こしつつある地域の中心的な中規模階層である。しかしこうした階層はすでにイギリス農業の情勢変化の下で大きな向かい風を受けている。7Yではここ五年から一〇年の間にこうした情況はより強くなり、中規模階層の分化が起こるであろうと予測している。

こうした見通しのなかで7Yは二つの戦術を講ずるとしている。第一に、こうした中規模家族経営が大規模経営へと成長することを、会員が効果的になし得るために必要なサービスの供給などをとおして促進していく役割を果たすことである。第二に、よりよい農外就業機会を探さざるを得ない離農検討中の農家、あるいは離職を要請される農業労働者らに対する職業訓練サービスの提供である。この場合離農はしてもこの農村地域から転出しないでもよい方法を念頭においた就業機会に焦点を当てた職業訓練サービスを考えている。

「新農村ビジネス」への展望

市場区分戦略に続く第二の戦略は「新農村ビジネス（New Rural Businesses）」である。農村における新たな顧客集団への着目である。これは「非伝統的」な農村ビジネスであり、会計士（事務所）や公的関連企業（public relations firms）である。新たな地域参入者は進歩したコミュニケーションメディアや、改装した農家建築物を利用して農村に立地しようとしている。彼らへのサービス供給を行い、７Ｙの会員に組み込み、地域振興を図ろうとするのがこの戦略である。

おわりに

以上のように、７Ｙは、協同組合組織から、それを基盤とし続けながらもサービス供給対象を農村地域社会全体にまで拡大し、そして国・地域農業の情勢変化に対応して新たに必要となるサービスを戦略的に考案し供給してきた。また、こうした事業活動の蓄積に基づくノウハウは、７Ｙが農村開発計画の現場での優れた事業運営主体と位置づけられるに際して、大きな役割を果たしてきた（「よりよい政策デリヴァリー主体」）。さらに循環型農村社会への視座をビジネス展開に活かしてきたことも特筆すべきである。これらは７Ｙが社会的企業としての強い性格を帯びているものと考える根拠となる。

他方、「社会的企業」と定義されることに関して、７Ｙ自身は、利益を考えない主体（ボランタリー）と誤解されるならば不満だと考えている。あくまでも、会社を経営するという以上、利益を上げ、経営成長していくという志向が強い。しかし、「弱者を切り捨てるという合理的利益追求型ではない」と断言する。

農業補助金が削減されていくなかで、どのように地域農業が生き残れるかという切迫した危機感のもとにこの組織は誕生し、その後、農業構造再編に伴い必要となる多様なサービス、すなわち補助金依存体質の強い農業者に経営者としての意識を芽生えさせ、他方その意思や条件に欠ける者にはきちんとした転職の機会を与えようという、公共的活動を担う地域主体として、７Ｙは社会的企業と位置づけられよう。

その理念は、現在の会社の所有形態にも反映されている。当初の組合員、すなわち地域農業コミュニティを主体とし、その活動に参加しないもの（登録料を払わない者）には株を所有する資格はない、としている点である。それは、地域の将来を担う企業である、という強い意思の表れとみることができるのではないか。

３－２　地域の「企業化」による再生を目指す社会的企業　―「ＰＬＡＮＥＤ」―

柏　雅之
重藤さわ子

地域の課題と「ＰＬＡＮＥＤ」

ペンブルークシャーはウェールズの西南端に位置し、田園地域と沿岸部からなる当地域の多くがペンブルークシャー国立公園内にあり、地域内は総じて自然環境や旧跡に恵まれる。沿岸部はリゾート地として有名であるが季節性がきわめて強い。有力な労働市場から遠隔であり、雇用の公的セクターへの依存は大きい。こうしたなかで地域の所得水準は低く、高失業率に悩む。第一次産業人口率は七・九％であり、イギリス平均（一・五％）はもとよりウェールズ平均（二・五％）をも大幅に上回る。こうしたなかで若年層の流出に歯止めがかからない。また沿岸地域を中心に他地域からの退職者移住が進んでいる。二〇歳代以下人口率は二〇％、六〇歳代以上人口率は三〇％にも達する。また、地域内の北部を中心にウェールズ語や同文化の衰退も著しい。（図３－４）

こうしたなかで地域再生を図ろうとする社会的企業が、「企業的発展のためのペンブルークシャー地

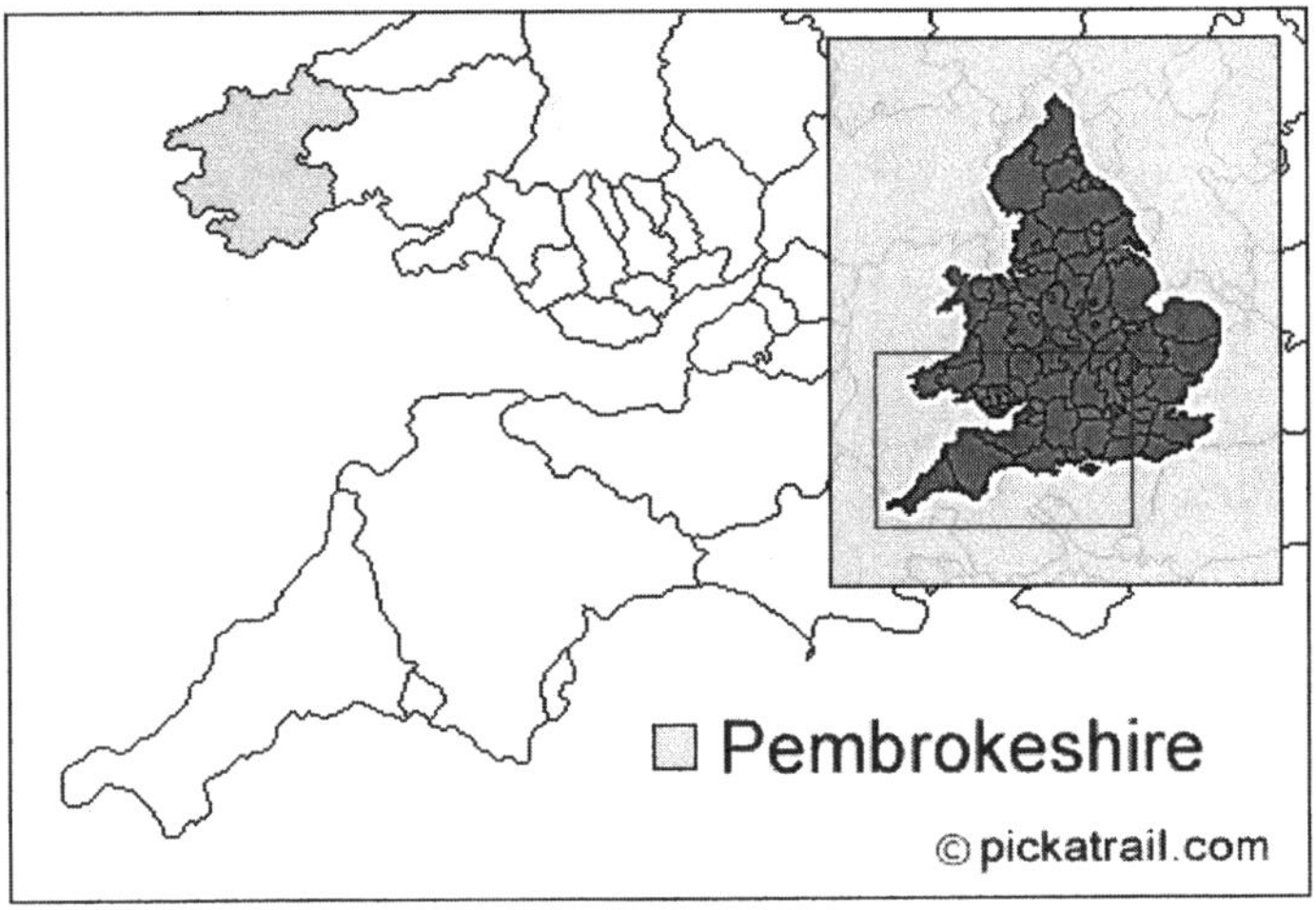

図3－4　ＰＬＡＮＥＤの活動地域であるペンブルークシャーの位置
出典：Pickatrail（12月13日アクセス）

域活動ネットワーク（Pembrokeshire Local Action Network for Enterprise and Development、ＰＬＡＮＥＤ）」である。これはＥＵの「ＬＥＡＤＥＲ＋」プログラムの支援を受けてコミュニティの企業化（Enterprising Community）を目指した事業展開を目的としており、同じく「ＬＥＡＤＥＲⅡプログラムの支援を受けていた「南部ペンブロックシャー・コミュニティ活性化パートナーシップ（South Pembrokeshire Partnership for Action with Rural Communities、ＳＰＡＲＫ）」の組織と事業活動を継承・発展させたものである。

ＳＰＡＲＣからＰＬＡＮＥＤへ　―背景

ＰＬＡＮＥＤの前身、ＳＰＡＲＣは、一九七〇年代から自生的な住民活動を行うローカルアクショングループから始まったものである。そのグループは自治体のいくつかの事務所を引き継がせてもらい、そこで高齢者や身障者対象のデイケア、幼児・児童ケア、ＩＴ振興・トレーニング、スポーツ振興などのための総合施設を運営するようになった。こうした自主的取り組みがコミュニティに自信をもたせることになり、それが八〇年代の別の実験事業につながっていった（「タフ・クレダウ農村実験事業:Taf & Cleddau Rural Initiative、ＴＣＲＩ」）。それは一九八七年に環境改善を伴う社会経済改善に地域住民を巻き込むパイロット事業として本格的に開始された。こうした歩みはシャックスミスの指摘したように、地域に社会関係資本（ソーシャル・キャピタル）を大きく形成していく過程に他ならなかった（Shucksmith、二〇〇〇）。その結果、当地域ではＥＵ共通地域政策としてのＬＥＡＤＥＲプログラムが導入されたとき、すでにコミュニティ側は、その開発の内容と手法に関する明確なビジョンと自信、そして遂行能力を身につけていたのである（Shucksmith、二〇〇〇／Asby and Midmore、一九九五）。また、内発的農村発展のプロセスへの理解と実践経験、そして組織の枠組み構築もすでになし得ていた（Asby、1997）。

以上の背景の下に、一九九一年にＴＣＲＩの活動モデルは南部ペンブルークシャー農村全域に拡大（三五町村）され、ＬＥＡＤＥＲⅠ基金の導入を契機に、名称もＴＣＲＩからＳＰＡＲＣへと変更され、九四年には新たにＬＥＡＤＥＲⅡへと継承された。ＬＥＡＤＥＲⅡ時代にはウェールズ農村・目的５ｂ計画（Rural Wales Objective 5b Programme）などＬＥＡＤＥＲ以外にも与えられ得るＥＵ基金の六六％を九八年までに獲得してきた。その後、ＬＥＡＤＥＲⅡの後継事業であるＬＥＡＤＥＲ＋（二〇〇〇～二〇〇六年）への応募の時期に自治体の再編があり、これまでの南ペンブルークシャーという行政区域がなくなり、ペンブルークシャー州全体に統合された。そのため、ＳＰＡＲＣは新たにペンブルークシャー全体のコミュニティ支援組織へと再編された。その際、北ペンブルークシャーのコミュニティが南ペンブルークシャーの組織に「占領」されたというイメージを抱かないように名称の変更を行った。こうしてＰＬＡＮＥＤでは、ＳＰＡＲＣが築いてきた基盤をもとにペンブルークシャー全体を対象に新たな挑戦を始めた。

ＰＬＡＮＥＤの理念と方法

ＳＰＡＲＣの目的は、主に社会、経済、環境、そして文化の調和のとれた地域発展を遂げるうえで地域住民に重要な役割を果たす機会を、徹底したボトムアップシステムとしての住民の自己点検評価（Community Appraisal）に基づいて得させることにあった。住民が地域の隠れたメリット、デメリットを発掘し、真の住民ニーズや地域振興のヒントを探り出す作業である。今後の課題は、そうした基礎の上に経済的展開をどのように図っていくかである。ＬＥＡＤＥＲ＋からの支援を受けることを契機に、ＰＬＡＮＥＤでは「企業化コミュニティ（Enterprising Community）」の概念を強調し、人々に発想転換を促してきた。

ＰＬＡＮＥＤではその出発点となるコミュニティ・レベルでのボトムアップの強化のために、従来の方式に加えて、コミュニティフォーラム（Community Forum）の開催、将来ビジョン探索手法（Future Search Vision）（注１）を取り入れた。これに基づき各地域が「地域活動プラン（Local Action Plan）」を策定し、この地域目標に従って、ＰＬＡＮＥＤはそのプランを達成するために必要な技術支援や資金援助、実現可能性調査、さらにはコミュニティ内での新たなビジネスアイデアの後押しや人材育成など、幅広い支援を行っている。

（注１）ＰＬＡＮＥＤの職員が中心となって、住民にこのコミュニティフォーラムの参加を促し、地域のよいところ、悪いところなどを住民同士で話し合っていくなかで、その地域の資源やニーズを再認識し、今後必要な活動プランをまとめていこうとする手法である。

こうした手法の利点は、地域のさまざまな人々やグループが何度も一同に会し、コミュニティ内外の情報・資源を共有し、統計など表面に表れない問題や、見落とされがちな人々（身体障害者や失業者、女性）の意見も巻き込んだ活動プランが策定されていくことである。

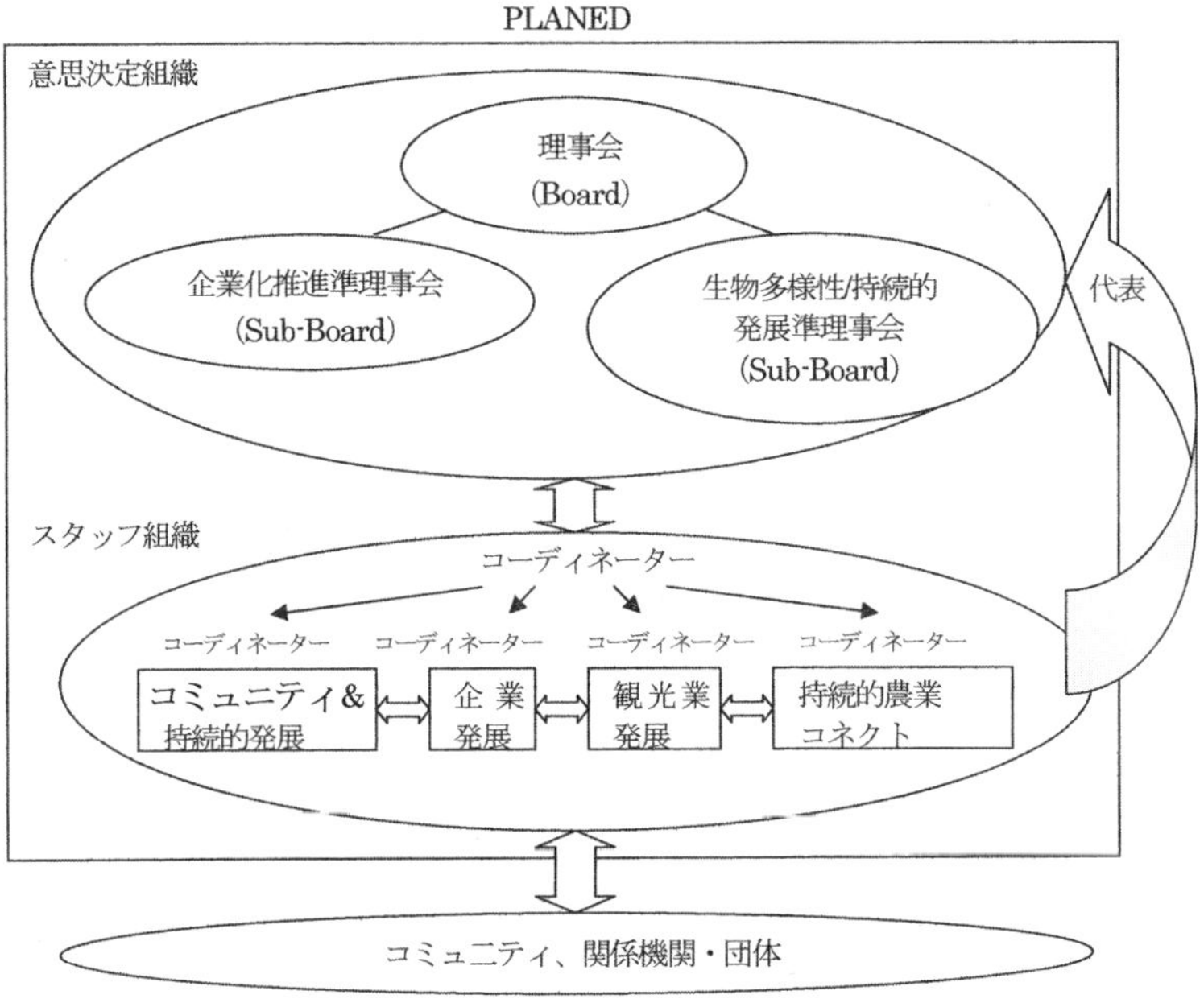

図３－５　ＰＬＡＮＥＤの組織構造

出典：ＳＰＡＲＣ資料（ＰＬＡＮＥＤ）Sustainable Development Plan 2004-2006 : Supporting Sustainable Communities および調査により作成。

ＰＬＡＮＥＤの組織構造

ＰＬＡＮＥＤの理事会は、住民代表、各種利益団体（観光、ビジネス、農業）、公共部門や開発局（ペンブルークシャーカウンティ・カウンシル、ペンブルークシャー海岸自然公園局、ウェールズ開発局、教育学習ウェールズ［Education Learning Wales］、ペンブルークシャー・カレッジ）、そして慈善団体（芸術や環境団体を含む）から構成されるコミュニティが主導するパートナーシップ・システムをとる。また、ＬＥＡＤＥＲ＋を支援する企業化推進準理事会（Entrepreneurship Sub-Board）、生物多様性・持続性発展準理事会（Bio-diversity/Sustainable Development Sub-Board）の二つの準理事会があり、それぞれ重要な役割を担う地域グループ（カレッジも含む）から構成されている。前者はペンブルークシャーの企業活動を支援するペンブルークシャー企業ネットワーク（Pembrokeshire Enterprise Network）の事務局にもなっている。こうした意思決定部門の下部に強力なＰＬＡＮＥＤスタッフ組織が連結されている（図３-５）。

スタッフ組織の長がコーディネータである。その任を担うアスビー氏はアメリカ・イギリス両国で企業研修に関わる業務を経験し、帰国後地元の地域振興に尽力し地方議員も務めてきた人材である。コミュニティの企業化を推進することが氏の経営理念である。こうしたなかで「コミュニティ・エンタープライズ賞」などを受賞し、多くの論文もある。この有能なコーディネータの下には、「コミュニティ持続的発展」「企業発展」「観光業発展」「持続的農業コネクト」の四つの専門スタッフグループが設けられ、各グループにはそのグループのコーディネータがいる。専門スタッフたちは事業の「統合性」やコミュニティ主導を重視するために、各部門間で、そして部門とコミュニティ間において緊密な連携を取り合っている。

コミュニティの企業化事業

ＰＬＡＮＥＤの事業には大きく二つのアプローチがある。第一は、ＰＬＡＮＥＤが町や村にコミュニティ・フォーラムの開催などで働きかけ、コミュニティ・アクションプランを実現する手助けをするものであり、第二は、住民に地域内経済循環により興味をもたせることを目的に、住民グループの結成を促し（二〇〇六年で一五グループ）そこでの活動を支援するものである。そこでは地域経済活性化のプロセスを、「漏れ口をふさぎ、砂漠を緑化する（Plugging The Leaks, Irrigating The Desert）」という言葉に例え、金の域内循環と域外漏出流出防止、そして地域内に潜在的に存在する経済機会を顕在化させるための意識啓発と多様な支援活動を行っている。そうした地域経済戦略策定のための地域開発グループ形成も行う。その過程で、専門家からなるサブグループが支援を行う。これを、ＰＬＡＮＥＤではエコノミック・ガーデニング（Economic Gardening）とよんでいる。この「ガーデニング」という概念は、アイデアだけでは何も生まれず、まずその地域（土壌）にどのようなニーズや可能性があるのかを発掘してこそ実現に移せるのだというメッセージが込められている。

実践事例を示すと、農業者も含めた地元企業のリスト（Business Directory）をつくり、ブックレットとして全住民に配布するだけでなく、更新も生産者自身がいち早くできるように、インターネットからもアクセスできるようにして、人々が地元の産業やサービス提供者を知り、またサービスが受けやすい環境整備を行ってきた。また、個人主義でたんなる競争関係にあった地域の同業者に、地域レベルでの協調によるビジネス相乗効果や多様な外部経済効果を理解してもらい、協会などの協同組織や情報交換サークルなどをつくるよう促してきた。その他、観光客との交流の場としてフェスティバルの開催を重要視し、無料のフェスティバル開催講習会を開催し、各地域がより魅力的なフェスティバルを開催できるよう支援し、同時にフェスティバル開催マニュアルを作成し配布している。そういったフェスティバル情報や、地域イベント情報などの情報誌が、村の小売店やパブ、郵便局などに設置した観光情報案内所（Tourism Information Points: TIPs）で入手できるようにしている。

次に、南ペンブルークシャーではSPARCの活動によって地域の人々や関係機関の参加意識がすでに形成されており、それをさらに展開させ、企業化プロセスを導入する段階にきている。しかし、北ペンブルークシャーではSPARCのような活動母体も実績もなかったため、「ゼロ」から開始せねばならない。「何もない」ところに突然コミュニティの企業化を適用することはできない。そのため、北ペンブルークシャーではまずコミュニティフォーラムを通じて、コミュニティ参画への意識喚起、地域資源再発見、ツーリズム商品の整備などから始めた。Crymychという村は、北ウェールズにつながる主要道路が通り美しい丘陵と農村風景がありながら、フットパス（遊歩道・散策路）が閉鎖されていたためにツーリストの来訪がなく、宿泊施設やレストランなどもなかった。そこでPLANEDは資金提供を行い、フットパスを整備し、周辺農村地帯全体でツーリズム産業を定着させるために、それを他地域のフットパスと連結させ、全七日間のルートを整備した。また、フットパスの始点から終点までの荷物輸送サービスも始めた。そして、一つの目玉観光商品の確立に伴い、宿泊施設の開設への取り組みが始まった。ＰＬＡＮＥＤではＢ＆Ｂ（朝食付宿泊施設）起業コースを設け、個人や企業の開業の支援を行ってきた。また、フェスティバル開催に向け、住民はＰＬＡＮＥＤが提供するフェスティバル開催コースに参加して準備を行ってきた。これら全てのプロセスを通じたＰＬＡＮＥＤの支援によって現在のツーリスト誘致の基盤が整った。こうした一貫したプロセスを提示できるのは、ＰＬＡＮＥＤが長年携わり培ってきた独自の地域コミュニティ開発手法が存在するからである。

ツーリズム会社（The Tourism Company）がＰＬＡＮＥＤの活動を以下のように評する。

（1）コミュニティの結束・強化、関心・興味の喚起を行いコミュニティ参画に大きな成功を収めた。
（2）元来ツーリストに魅力的なこの地域の遺産保全や優れた展示手法などでさらに起業家を誘致し得ることになった。
（3）アクセスのためのインフラ整備がなされ観光資源の価値が顕在化した。
（4）豊富な地域情報が存在し、より効果的に配布され利用されている。
（5）ツーリズム関連企業はそれらから大きな恩恵を受けている。
（6）ツーリズム展開の負の影響は、ニッチマーケットへの対象絞込み、適切な規模、地域のさまざまな場所へ散らばりより多くのお金を落としてくれ、環境への意識も高い人々を誘致することで最小限に抑えている。

これらの事業には主にＬＥＡＤＥＲ＋資金が用いられているが、ＰＬＡＮＥＤコーディネータのアスビー氏は、他のＬＥＡＤＥＲ＋団体とＰＬＡＮＥＤとの違いを、推進する事業内容の統合性であると強調する。ＬＥＡＤＥＲ＋は、統合的アプローチを提唱してきた従来のＬＥＡＤＥＲと比較し、より革新的な事業内容が強調されている。それゆえ、多くのＬＥＡＤＥＲ＋では、革新的プロジェクトへの資金配分が中心的関心事項となり、プロジェクト相互、または他地域の活動とのコーディネートなどへの関心は希薄化した。しかし、ＰＬＡＮＥＤのコミュニティ企業化事業は、ＬＥＡＤＥＲ＋資金のみならずＰＬＡＮＥＤが遂行する他事業との連携があって初めて成立する。そのため、ＰＬＡＮＥＤでは図３-５に示したスタッフ組織の中にある三つの部門別専門集団で相互に密接な連携をとっており、また資金の援助に関しても、詳細に使途を限定するのではなく、柔軟かつ包括的に使用できるように最大限の工夫をしている。

公民混合経営としての社会的企業の展開

このように、ペンブルークシャーはコミュニティ活動グループにより大きな進化を遂げてきた。しかし、こういうグループがつねに抱える問題に、資金調達の不安定性が指摘されてきた。ＳＰＡＲＣは一九九一年以来六〇〇万ポンド以上の基金獲得をなしてきたにもかかわらず、資金調達の不安定性が問題であり続けてきた。その要因の一つが、一夜にして激変する政策である。たとえばウェールズ開発エージェンシー（ＷＤＡ）の農村予算は、他の地区へ優先度を回すために当地域に対して何の前ぶれもなく激減された。もし、５ｂ計画からの資金調達がなければＳＰＡＲＣの貴重な事業の多くは持続できなかった。また、一九九四年の地方政府再編と九六年のＷＤＡ農村予算の新規創出自治体への移行の影響も大きかった。自治体はＳＰＡＲＣへの予算を即座に六万ポンド減額したのである。資金の問題のみならず、開発トラスト連盟（ＤＴＡ）へのレポートの著者であるホールトンは、ＳＰＡＲＣの問題はＥＵ基金を取り込むことによって実行、モニタリング、外部評価の各段階において壮絶なプレッシャー下に置かれることになるどの組織にも共通する問題であると前置きし、「毎年あるマッチングファンドの割り当ては、長期的視座をもった統合的戦略アプローチのもとで地域開発に取り組んできたＳＰＡＲＣのような組織に対して不要な緊張をもたらしている」、そして「一年以上にわたる基金獲得の保証のないまま彼らは働いているという事実を各方面は知る必要がある」と述べている（Horton、一九九八）。

こうした問題をかかえるなかで、ＰＬＡＮＥＤは、ＳＰＡＲＣ時代から支援する団体や活動グループに対し、運営の自立化をより協調してきた。それは「コミュニティの企業化」でもあった。たとえば、「ブルームフィールド・ハウス・コミュニティセンター（Bloomfield House Community Centre）」はＳＰＡＲ

ＣやＰＬＡＮＥＤの資金援助を受け、二〇年をかけてコミュニティのための施設として発展してきており、現在では四〇以上の就業機会が生み出され、独立したビジネスとして運営されている。すなわち、ＰＬＡＮＥＤはこのようなグループがより活動の幅を広げたり、施設整備をする際にその費用を援助したりはするが、それぞれが社会的企業として独立できるよう仕向けること、すなわち触媒たることがＰＬＡＮＥＤの使命なのである。同時に、ＰＬＡＮＥＤ自身も、ＳＰＡＲＣ時代に立ち上げたGreenways Holiday Bureauによる、新たなマーケットの開拓やチャンスの探索における活動、また二〇〇四年に、現在事務所がある建物と敷地を買い取って貸し出すことによるテナント料などにより独自の収入源をもつなど、社会的企業へと変身を遂げつつある。もちろん今後も予算の大半が公的資金である構図は変わらないであろうが、少しでもＰＬＡＮＥＤの独自の資金源ができることによって、以上に指摘された不要な緊張が多少なりとも緩和されることになるであろう。こうしたなかで公的資金に依存しきらない、ビジネスのノウハウを蓄積しながら社会的使命を果たす公民混合経営としての主体成長がなされてきたのである。ＳＰＡＲＣからＰＬＡＮＥＤへの歩みは、一つの社会的企業の成立・成長のあり方を示している。

【文献】

（1）Shucksmith,M.: "Endogenous Development, Social Capital and Social Inclusion: Perspectives from LEADER in the UK, " Sociologia Ruralis 40(2), 二〇〇〇

（2）Asby,J. and Midmore, P.:" Human Capacity-building and Planning: Old Ideas wuth a Future for Marginal Regions? " In Byron,R.,ed., Economic Future on the North Atlantic Margin, Aldershot: Avebury, 一九九五

（3）Asby,J.: "Local Democracy, Participation, Equal Opportunity." Paper to workshop 3 at the European LEADER Symposium, Brussels, 一九九七

（4）Horton,M. and D.Potts: Research into development trusts: a report to the development trusts association, DTA, 一九九八

3－3　環境調和型企業から従業員所有の農村社会的企業への移行
―ロックファイン・オイスターズ

重藤さわ子
柏　雅之

ロックファイン・オイスターズの概要

①ロックファイン・オイスターズの形成経緯

ロックファイン・オイスターズ（Loch Fyne Oysters、以下ＬＦＯ）はスコットランド、ハイランドの南西部、アーガイルのほぼ中央にあるファイン湖（Loch Fyne）の北端に位置し、最寄の町はインバラレイであり、アーガイル・ブートカウンシルの行政区域となっている。地域の主な産業は、観光、農業、漁業、養殖、水産加工、林業であるが、とくに今でも畜産経営者やクロフター（自給的小規模農家）が多数存在し、農業は重要な産業である。しかし、近年それらの伝統的農業からの収入は減少し、生計確保が困難なため、多くの農家は経営多角化や各種の農外収入を得るなど兼業化が進行している。

ＬＦＯの歴史は創業者の一人であるノーブル（John Noble）氏がこの地域の大きな邸宅と敷地を相続し

たことに始まる。これにより、ノーブル氏は多額の借金を負い、その支払いのために何か事業を起こすことを考えた。もう一人の創業者であるレーン（Andrew Lane）氏は、折しもスターリング大学で海洋生物学を学んだところで、スコットランドで興り始めた養殖業に関心をもっており、ファイン湖でのカキ養殖を思いついた（注2）。

ただ、カキは出荷できるまで三～五年必要であり、その当時はスモークサーモンの需要がほとんどでカキの需要がそれほどなかったので、養殖を始めるかたわら、サケをスコットランド北部やシェットランドなどから仕入れスモークサーモンに加工する事業を始めた。現在でもスモークサーモンはLFOの中核を担っている。長い間二人だけで小さな仮店舗による販売で地道に事業を行ってきたが、ノーブル氏がこの事業を始める前はロンドンでワインビジネスに従事していたためレストランや食品業界に情報と人脈をもっていたこと、営業能力に優れていたこと、そして何よりも提供する食材の質の高さが認められ、地道に顧客を増やしていった。また、店舗・工場に隣接したレストランも評判がよく、支店を出して欲しいという要望が高まり、まずエルトン、ピータバラ、ケンブリッジ、ノッティンガムなどに出店した。スコットランドにいながら経営を行うのは困難ということになり、レストラン業務はロックファイン・レストランという関連会社が全英二五店舗を展開しているが、これらのレストランにはLFOが食材を提供しており、その売上げも全体の二一％にまで達している。

（注２）ファイン湖ではその当時カキは生息していなかったが、貝殻が見受けられることから、過去自然生息していたが、乱獲され絶滅してしまっていたと推測され、カキの養殖は可能であるという確信があった。

②従業員所有形態へ

ＬＦＯの株式は、設立当初よりノーブル氏（五一％）とレーン氏（四九％）により所有されていたが、ノーブル氏はまだ残っている資産相続の借金を返済するために、退職と同時に自身の株を売却する予定でいた。しかし、どのように財産処理をすることが会社と地域の将来に最善かを考え始めた矢先の二〇〇二年に急逝してしまった。株の買収に名乗りを上げた候補者は最終的に一〇ほどで、その多くは海産物業者であったが、ほとんどの業者は魚介類のうちどちらかを扱っており、ＬＦＯ扱う魚類もしくは貝類のどちらかに興味を抱いたもので、買収後に一方の部門を切り捨てる懸念があり、従業員には非常に不安な時期であった。そうしたなか、レーン氏が偶然新聞で、従業員による会社所有支援を行うバクシー・パートナーシップ基金（Baxi Partnership Trust、以下バクシー基金）について知り、ただちに連絡したことから事態は一変する。この基金は、収益の一部を基金に還元していく必要があるものの、ベンチャー投資資金や商業的資金に比べ、金利の面で優遇されるなど魅力的なものであった。

《コラム2》　バクシー・パートナーシップ基金

バクシー・パートナーシップとは、フィリップ・バクセンデイル（P. Baxendale）氏が一九八三年に設立したものである。ガスボイラー製造会社を経営していたバクセンデイル氏とそのいとこは、一九八三年に会社を市場価格の一〇分の一の値段でトラストに売り渡した。その後一六年にわたって会社は成長を続け成功を収めていたが、一九九九年の経営戦略的失敗から二〇〇〇年に従業員は会社を手放さねばならなくなった。しかし、その売却によって二〇〇〇万ポンドが基金に残ることになり、それを元手に、従業員による企業所有によりパートナーシップ精神を育て、企業を更なる成功に導くというバクセンデイル氏の理想を引き継ぐために、他の企業の従業員による会社所有をサポートする組織となった。基金から融資を受けた企業は、その後の収益を基金に還元し、他のケースに再投資できるようにしたものである。現在までにＬＦＯを含め七つの企業がバクシー・パートナーシップ基金の融資を受けている。このような従業員とのパートナーシップ精神の推進に長い歴史を持ち、またそうした戦略で企業として成功した例で有名なものとして、創業一八六四年にさかのぼり、現在イギリスで小売りビジネスの中でトップ一〇に入るジョンルイス・パートナーシップ（John Lewis Partnership:以下ＪＬＰ）がある。ＪＬＰはイギリス全土でジョンルイスデパートを二六店舗、また高級スーパーマーケットであるウェイトローズを一八四店舗展開している。ＪＬＰは完全なる従業員所有ではないが、従業員からなるトラストが一九二九年に初めて設立され、以後企業はこのトラストとのパートナーシップ経営を推し進めてきた。このように、イギリスでは「経営陣」と「労働者」の賃金や雇用形態をめぐる対立構造が多く取りざたされる一方で、「従業員」とのパートナーシップ企業経営も非常に長い歴史をもっていることは興味深いことである。

この基金を受けるための所有・経営システムづくりにおいて、まず理事長（Board Directors）とバクシー基金の間で、どういう方法がこの会社にとって適切で最良なことなのか、検討が重ねられた。またバクシー基金との共同出資で会社の入札を行うことになったので、出資金に関しても慎重な検討によって調整がなされ、合意に至った時点で従業員への経緯説明が行われ、従業員の同意が問われた。合意を得て、ＬＦＯはバクシー基金とＬＦＯ従業員によって最高額で落札された。

会社の所有や経営システムは以下のようになる。今後永久にバクシー基金が会社の五一％の株を保有し、残りの株は徐々に従業員（季節労働者は除く）に配分されるが、誰も五％以上の株の所有はできない。二〇〇三年より、ＬＦＯは従業員にボーナスという形で株を譲渡しており、その株数は役職ではなく、何時間働いたかといった会社への労働力貢献度で決まる（注３）。

また、従業員は自分の給料から自動引落としという形で株を購入することもでき、これには特典がつく。たとえば毎月二〇ポンドを株の購入に使うよう手続きをすれば、一株買うごとにもう一株が無償で提供される（one buy get one free）。さらに、毎年株の取引日があり、そこでも売買ができる。しかし、株の売買ができるのは従業員のみであり、一度株を購入したら売却するまで少なくとも五年間保有する義務がある（注４）。これは、従業員に会社に残ってもらいたいという思いが反映されていると説明されている。

（注3）これは、従業員の技術や責任は、所得や賃金に反映されるのを受け、株は所有を反映するもの、つまり従業員によって所有されていることを反映させるため、その貢献度を示す指標を労働時間としているものである。
（注4）退職者の場合はグッドリーバー（Good Leaver）と呼ばれ五年を待たずに売却することができるが、辞職や解雇された場合は五年を経過しないとその持ち株を売却することはできない。

③ロック・ファイン・オイスターズの理念

ＬＦＯは創業当時から環境との調和、総合的持続性（Total Sustainability）を大きな理念に事業展開してきた。これは、創業者のノーブル、レーン両氏がこの地域の自然を非常に愛していたこと、また海洋生物学を専門とするレーン氏が、容量を超える環境負荷の深刻な問題性を熟知していたことが大きい。また、彼らの事業を支えてきた地域住民への感謝も大きく、「自然との共生」と「地域への貢献」という理念が立てられた。所有が従業員に引き継がれても、その理念はしっかりと継承されており、ＬＦＯの理念は商標と一緒に以下のように大切に掲げられている。

（1）総合的な持続性―私たちの理念
（2）運営方針は動物やその生息環境に敬意を払うこと
（3）私たちの活動により環境への影響を全く与えず、むしろよい環境を生み出すこと、また生物多様性を増し、地域の伝統を守りながら熟練労働とそれに対する正当な対価を提供することによって地域

経済を支えるべく、積極的に活動すること
　また、こうした理念により守られた美しい自然と、そこにあるＬＦＯが提供する優れた食材、地域の人々がいきいきと働く姿、それらの全てが満たされてこそ人々がこの地を再訪しようと思うのであり、また、そういうイメージがブランドとして定着し、消費者との信頼が築かれているからこそ、レストランビジネスも軌道にのっている。「自然・地域・経済の共生」が企業戦略である。また、企業が従業員所有になったことで、以前は会社・上司から言われたからやってきただけだったが、現在は、従業員は会社の使命のみならず、個々に与えられた使命をも意識して行動するようになったと会社側は説明する。商業主義や効率主義の下、「環境との共生」の忘却はいとも簡単であるが、従業員所有形態になったことで、ＬＦＯが、地域住民や消費者に対して培ってきた信用の失墜が、いかに企業の将来を左右することになるかを従業員自らが考え始めたという。またこうしたなかで、それは管理責任者にとっても、以前より意思決定により慎重な対応が求められることを意味する。

ロックファイン・オイスターズの事業と組織

①ロックファイン・オイスターズの事業

　ＬＦＯの販売部門は大きく、小売、輸出、ロックファイン・レストラン・グループへの出荷、イギリス内の卸売取引、の四つに分けられる。それらの全体的な売上に占める割合は、各々二四％、一〇％、二二％、四四％である（二〇〇四年）。イギリス内での卸売取引が最大である。また、小売の販売種類と売上全体の中に占める割合は、それぞれ宅配（五％）、ＬＦＯでの店舗販売（九％）、店舗隣接のレストランでの販売（一〇％）である（ＬＦＯ資料）。

ＬＦＯの養殖産物にはカキ、ムール貝、加工品には多様な種類のスモークサーモン、燻製マス、シタビラメ、オヒョウなどがある。その他、ホタテ貝、ウミザリガニ、エビ、ロブスターなどの魚介類、および畜産物がある。また店舗で販売しているジャムやチーズなどほとんど周辺二〇〇マイル以内のクロフターとよばれる小規模自給農家や農家女性が生産したものである。こうした農家からは、大手スーパーとの取引とは異なり生産側の納得いく価格で取引してもらえると、大きな信頼を得ている。また企業の方針として、スーパーマーケットという巨大かつコスト最優先型市場はターゲットとせず、あくまで品質と企業の精神が受け入れられる範囲での取引に限定している。

また、地域貢献事業として、ロックファイン基金を立ち上げ、宅配による売上の三％が基金に寄付されるようになっており、年間約一万五〇〇〇ポンドのお金がホスピス、チャイルドケア、障害者ケアなどの地域内の慈善活動に使われている。

②ロック・ファイン・オイスターズの運営組織

ＬＦＯの運営組織は図３-６に示される。理事会（Board of Directors）は、理事長と七名の役員からなり、そのうちの二名は従業員の最高責任者で、二年に一度従業員のなかから選出され、フルタイムとパートタイムを問わず、全ての従業員の代表となる。彼らは理事会の一員であると同時に、従業員による部門ごとのコミュニケーショングループを月替わりに開催し、従業員から提起された問題点や要望を理事会に伝える役割も担う。その他の役員は部門最高責任者などからなる三名が常勤役員、あと二名は非常勤役員である。非常勤役員の一人はバクシー基金から指名された人物、もう一人は創業者の一人であるレーン氏であり、事業が会社の理念に合致しているかを監視する役割を担っている。また、経営最高責任者の下には、管理責任者、販売責任者、運営責任者、店舗隣接レストラン責任者、店舗責任者の五人の部門責任者がおり、それぞれの部門の管理を担っている。

ロックファイン・オイスターズの今後の展開

ＬＦＯの現在の敷地内での活動はもはや環境的視座からして限界にきているため、今後の事業展開としては、流通の効率を上げ、現在の敷地でのストック量を

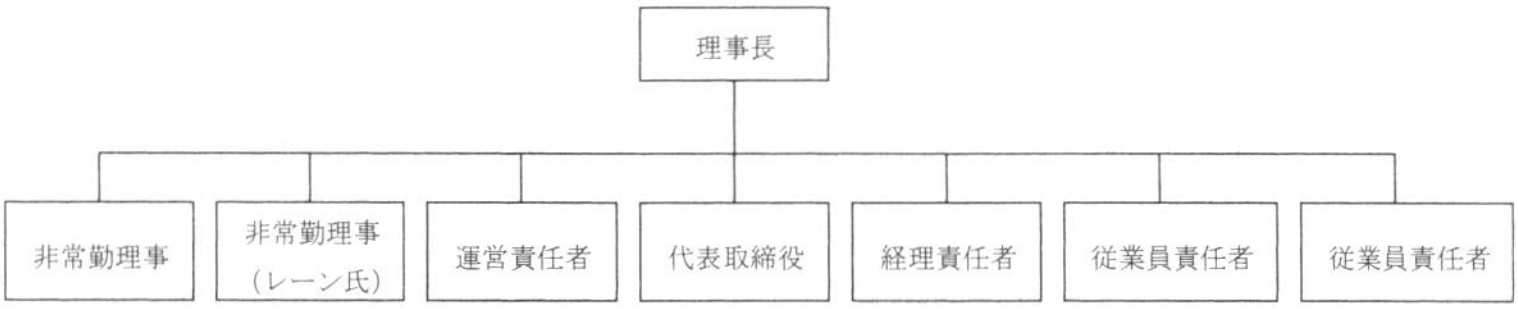

図３-６　ロック・ファイン・オイスターズ理事会の構成
資料：ロック・ファイン・オイスターズ

減らすために、南イングランドでの流通拠点開設を検討している。また、それによって余裕のできたスペースを活用して、フィッシュケーキやスープなどの付加価値の高い加工品を増やすこと、またレストラン事業の拡大や、レストランだけでなく店舗の開設、さらには海外進出も視野に入れている。今まで大切に育ててきた「ロックファイン・オイスターズ」というブランドをさらに発展させ、またそれを使って多様な事業を展開しようとする段階にきている。

この事例は、保全された環境や地域社会への貢献を経済価値に組み込み、新たな市場を開拓しながら、それらの三つのボトムラインを守ってきた企業・商品ブランドを大切に守り育てていきながら、さらなる展開を迎えようとしている。そういう意味でＬＦＯは社会的企業の一つのタイプと評価し得る。その成功の背景には、創業以来続く、ノーブル氏とレーン氏の環境・地域への強い敬意と感謝の思いがあったことを忘れてはならない。

第４章　日本のコミュニティ所有型地区法人の意義と課題

柏　雅之
重藤さわ子

４－１　農村生活と農地をまもる地域支援会社　―有限会社タナセン

地域の課題と有限会社タナセン

京都府南丹市美山町（旧美山町）鶴ヶ岡地区は、美山町の北部の山間部に位置し、公共交通機関は隣の京北町からの町営バスのみである。過疎化・高齢化が進んだ中山間地域である美山町の町おこしの歴史は古く、全国でも注目を集めるモデルを打ち出してきた。町の圃場整備率はきわめて高く、鶴ヶ丘地区においても、現在計画中の林地区を除き完了している。町内でも農業条件不利な山間部の鶴ヶ岡地区では、美山町第一期の町おこし運動（一九八三～八八年）のなかで圃場整備が進められ、集落営農も形成された。しかし農家の高齢化は進行し、高齢化率が五〇%を超えた集落もこの地区に三集落存在する。こうしたなかで困難に拍車をかけたのが、山間部で生活サービス供給を行ってきた農協支所の撤退であった。

一九九九年三月に京都美山町農協通常総代会にて、本店を含め五か所の店舗のうち三か所の廃止が決定された(注1)。従来、総合農協は農業支援のみならず町の中心地から遠く離れた山間地域ではとくに重要な生活維持機能を果たしており、支所の閉鎖は住民に大きな衝撃を与えた。農協と美山町の協議により、九九年九月、住民に無償で貸与することを条件に町が廃止する三支店の土地および建物を簿価で買い上げることになった。この支店跡を拠点に、住民出資・参加の代替組織づくりが初めて美山町で行われた。これが「有限会社タナセン」である。

本町では農地保全も従来から大きな課題であった。こうしたなか、農地管理を担う農業公社の設立の検討も行われてきてきた。しかし先進地視察などから、公社方式はいずれも農協や行政が赤字負担しており、その経営実態の厳しさから検討は中止された。そしてその代替方法が模索されていた(注2)。

(注1) 現在は全ての支所が統廃合され、JA京都美山支所の一つになっている。
(注2) 農業は高齢者の生きがいとして根づいており(条件のよいところも悪いところも、しかも虫食い状態での集積で)、地域の農業を丸抱えするような農業を主体とした組織であると、経営が全く成り立たないため難しい、ということになった。

支所廃止決定に伴い、跡地利用の方法も含めて検討する住民組織の代表者による地域振興協議会が設立され、大宮町常吉地区の住民主体のコミュニティビジネス（常吉村営百貨店）の事例を聞き、視察を経て、住民主体による法人化への道を探ることになった。年間三六回を超える住民会議で協議した結果、農協支店の購買部を受け継ぐ形による日用雑貨の販売のみでは、その意義や将来性に懸念があり、いっそうの高齢化を考量して、景観を守る意味での農業（農地保全）と、高齢者福祉（交流・団らんの場を設ける）をも担う法人にする案が住民の賛同を得た。住民一〇六名の出資（一口五万円）による七〇五万円と鶴ヶ岡地区の自治会から三〇五万円を加えた一〇一〇万円が出資金となり、一九九九年十二月に有限会社タナセンが設立された。なお、店舗兼事務所は二〇〇五年十二月にタナセンが町から払い下げを受け、タナセンの所有となっている(注3)。

（注3）まず土地と建物は鶴ヶ岡地区の地縁団体（法人）が引き受け、その後店舗件事務所はタナセンが払い下げを受けた。

タナセンの組織は、総務部、農事部、購買部、そして福祉部から構成されている。購買部では主要業務である日用品などの販売を担い、地元野菜や特産品「栃餅」など女性グループの加工品の販売、また農薬・肥料などの購買全般を行う。農事部では、農地利用調整機能と補助金の受け皿機能をもち、農地管理を行う三つの広域営農組合の作業調整や清算業務を担当する。福祉部では、二〇〇〇年の補助事業(旧厚生省の介護予防拠点施設)によるサロンと風呂の管理業務を行う。

タナセンの特徴

①行政と地域支援法人とのパートナーシップ

美山町は二〇〇〇年より旧村単位で「地域振興会」を組織している。これは、自治会組織、公民館活動と町おこし委員会の業務を統合したもので、課長クラスの町職員が事務局員として出向して町行政のいろいろな窓口業務も行っている。また、この振興会には市と地域住民からの会費により、年間四〇〇万~五〇〇〇万円の予算を用いて、町おこしプロジェクトなどへ資金提供が行えるようになっている。この「鶴ヶ岡振興会」はタナセンの事務所(日用品販売店舗含む)と同居し、タナセンは行政との連携や支援を受け活動している。

また、二〇〇一年三月にはタナセンの中に「ごんべの会」という新しいグループが生まれている。この会の目的は「美山の豊かな自然が育んだ風土を活かして、安心して使える食材、物づくりを皆で創造し、合わせて相互の親睦を図ること」であり、年会費一万円で誰でも参加できる。タナセン創設者二八人の結束が強く、それ以外の人が参加しにくくなることを懸念し、新たなメニューに取り組むことで参加者を広げること、新たな活動を通じて都市との交流を広げながら販路を拡大することも目的である。この会では、タナセンが収穫したソバを使用し、京都市内のソバ店などが加盟する団体と連携し、ソバづくり体験、またその活動拠点に水車小屋を建てたりと、都市住民との交流を推進している。

②農地利用・管理事業の実態

鶴ヶ岡地区では高齢化による耕作放棄増大に対抗するための新たな農地利用・管理主体の登場が望まれている。地域振興の中核的存在であるタナセンにその主体を期待する声は大きい。農事部では二〇〇〇年より施行された水田農業経営確立対策による生産調整関係助成金を有効に活用し、また中山間地域ながらも一定のスケールメリットを活かすために広域農場づくりを進め、地区内の一八集落中一一集落、全六〇ヘクタールを対象に大字単位の三つの広域営農組合を結成し、各集落で対応してきた転作を、集落の枠を超えたブロックローテンションを実施することにより、本地区全体で対応できるように態勢を整えてきた。そこでは、まず広域営農組織単位で三年間の転作計画を策定する。それに従い、毎年タナセンが集団転作分の農地を鶴ヶ岡地域全体で取りまとめ、土地所有者から一括請負し、作業計画の策定も行う。また、転作奨励金や助成金を管理するなかで作業のための種子や資材を購入する。しかし、実際の作業は各地区の広域営農組合へ再委任し、作業料をタナセンが支払う（図4-1）。各広域営農組合ではオペレーターや機械利用料金をタナセンに支払う。その他、タナセンは推進費として、各広域営農組合に四五〇〇円／（大麦一〇アール）、二〇〇〇円／（緑肥一〇アール）を支払う。こうしたなかで、従来よりも効率的に営農組織の収益向上と集団管理体制のための資金獲得を図ることが可能となる（金銭の流れについては図4-2参照）。

タナセンの課題

タナセンは、農協の支所撤退（「支援の撤退」）により、農村生活の存続も危ぶまれる地域で、農協に代わり、地域維持に必要かつ多様なサービスの供給を役割として設立された住民出資・主導の地域支援会社である。ここで地域営農支援に関して課題を指摘する。

一般に中山間地域では、過小規模の集落単位では集団転作や作

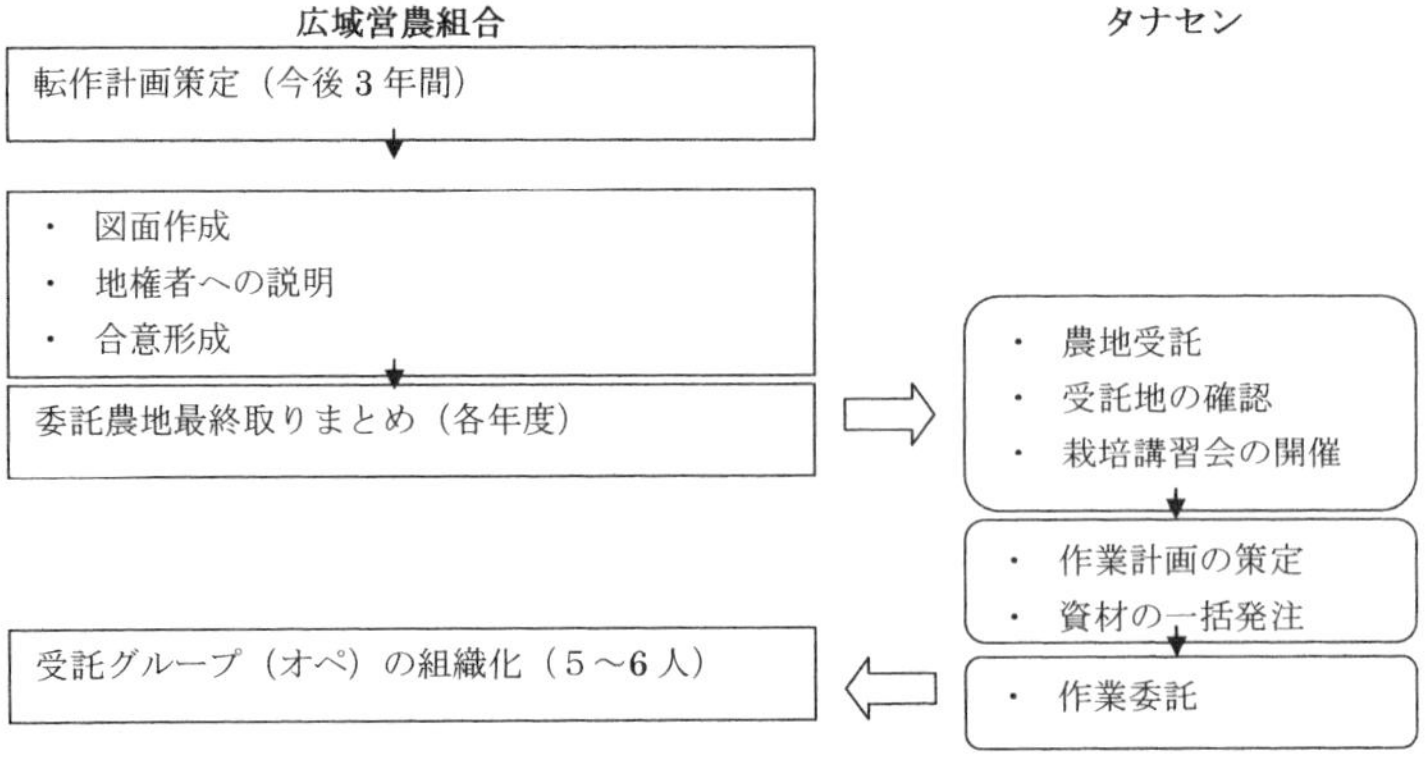

図4-1　作業受委託の流れ

業受委託などの農地利用・管理に限界がある。こうしたなか、鶴ヶ岡地区では農協支所撤退という地区共通の危機の浮上によって、再び地縁で結びついた旧村単位が見直され、新たな組織を形成する契機となったものと考えられる。タナセンは旧村単位での地域農業マネジメント機能を果たしている。従来、地域営農集団の機能としていわれてきた団地的土地利用を旧村レベルで実現したが、今後は同様に農地利用権や受委託の調整、あるいは組織的土地利用の強化を果たすことが求められるであろう。そこでの新たな地域営農の「コア」創出も課題である。

現在の懸念材料は、表４-１に示すように、タナセンの主要事業である購買部門における経常利益赤字である。購買部門は、農協支所時代と比較して、売上超過はなされたが、二〇〇二年より営業利益・経常利益共に赤字に転じている。その背景には、高齢化による売上高の頭打ちに加えて、設

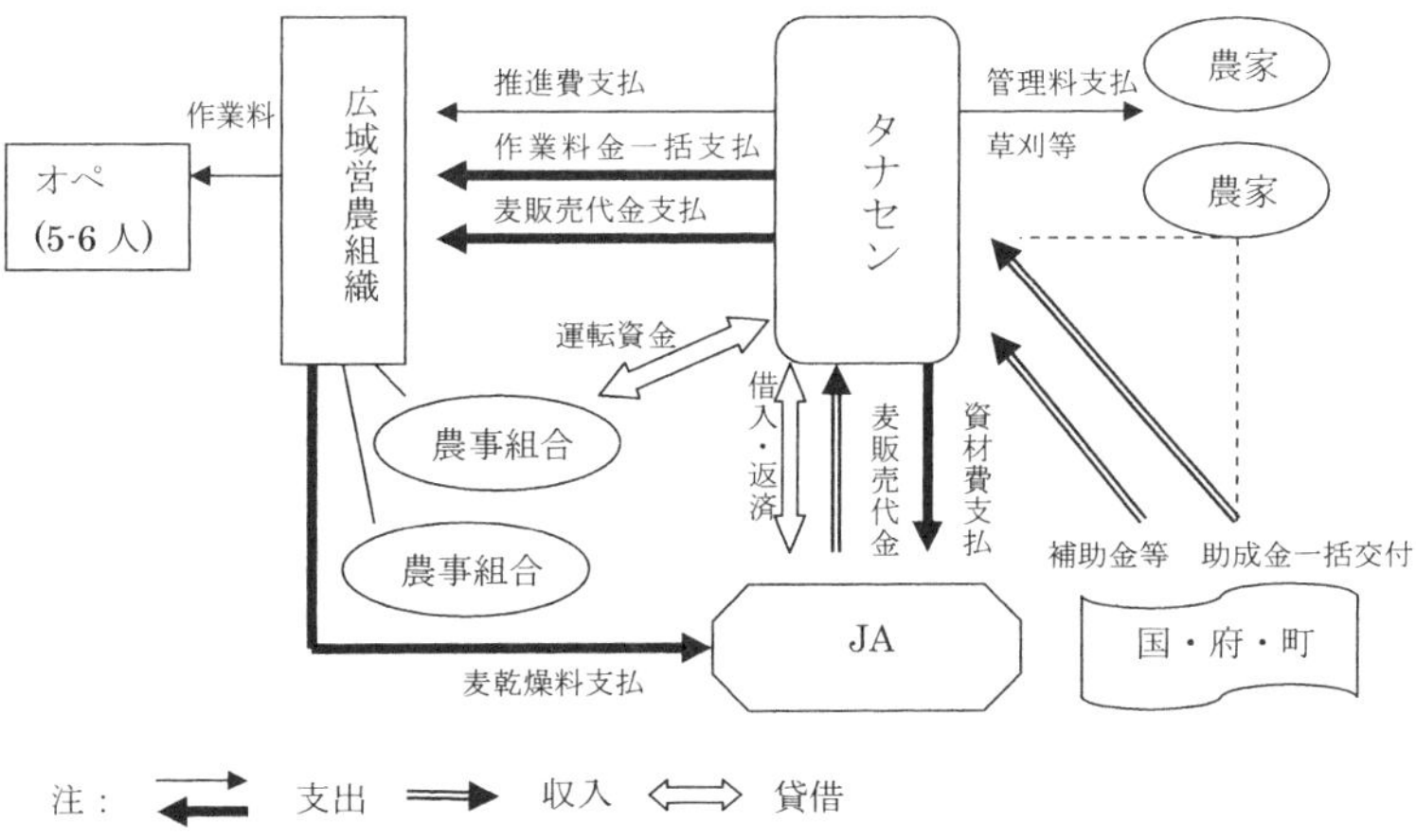

図４－２　農作業受委託に関する金銭の流れ

備の拡充などによる支出増（投資）がある。農事部門の黒字がその赤字を埋めている状況である。

農事部は広域農場づくりにより集団転作を取り組むことによって、国・府・町よりまとまった補助金や助成金を受けて功を奏していたが、二〇〇五年には農政の変更に伴う大幅な補助金の減少を受け、タナセン全体の収益は赤字に転じている。そこでは「農政改革」に伴う施策環境変化に対応できる地域営農システムづくりが要請される。中山間地域等直接支払制度や、今後の直接支払制度をいかに取り込むかが問われる。いっそうの営農部門の「攻め」の姿勢の強化が望まれる。

タナセンはコミュニティに立脚し、コミュニティの多様なニーズに応える使命を有し、それをビジネス展開として遂行するコミュニティ所有による企業である。こうした社会的企業は起業家的能力の拡充とともに、他方で行政との連携が不可欠である。前述の購買部の投資などの公的支援などをはじめとする

表４－１　タナセンの事業部門ごとの営業・経常利益　（単位：千円）

		2001	2002	2003	2004	2005
購買部門	営業利益	0	△722	△1035	△1067	△943
	経常利益	179	△103	△654	△563	△838
農事部門	営業利益	758	888	688	1187	△573
	経常利益	635	651	1168	1534	△534
福祉部門	営業利益	△31	△18	△29	－	－
	経常利益	2	△11	△27	－	－
全体	営業利益	618	147	△377	120	△1,516
	経常利益	707	530	484	972	△1,396

注　役員報酬に関しては、各事業部門の売上総利益の比率に応じて各事業部門のコストとして計算した。

パートナーシップ・システムの強化が望まれる。

【文献】

（1）　中川雄一郎／農林中金総合研究所編『協同で再生する地域と暮らし―豊かな仕事と人間復興』日本経済評論社、二〇〇二

4-2　農村景観活用型コミュニティビジネス　—有限会社かやぶきの里

重藤さわ子
柏　雅之

地域の課題と有限会社かやぶきの里

有限会社かやぶきの里のある南丹市美山町の知井地区内北集落は、山間地域の川沿いの傾斜地にある密居集落で、現在五〇戸中三八戸が茅葺き屋根の住居であり、美しい農村の原風景を残す。集落内での茅葺き建築数は、岐阜県白川村萩町、福島県下郷村大内宿に次ぎ、全国三位である。

美山町の茅葺き住居の保存地区指定は一九七二年に検討がなされたが、当時は文化財のような縛りを受け、地域の「文化的生活」への発展が妨げられるのではという懸念があり立ち消えとなった。しかしその後、過疎化対策としてこの地域資源を「ブランド」化ができないかと模索する中で、茅葺き住居を文化財に登録してもらい、都市との交流の拠点にしたいという話になり、北集落では一九八八年より「かや屋根保存組合」をつくり文化財や保存地区に関する勉強（他の指定地域の視察を含めて）を始め、「かや生産組合」、婦人会による「ふるさと産品部会（現「北村きび工房」）」などの組織が立ち上がった。一九九二年にはそれらの組織を吸収する形で集落全戸による「かやぶきの里保存会」が結成され、茅の生産から民家の保存、集落景観の保全のための活動がより統合的に展開され、九三年には国の重要伝統的建造物群保存地区に指定された。

しかし、これらの文化財を利用していくうえで何の施設もなかったため、観光客のための施設＝見学施設として九三年に「美山民族資料館」、飲食施設として九四年に「お食事処きたむら」、宿泊施設として九五年に「民宿またべ」と、京都府の事業助成を受けながら徐々に整備を進めてきた。

その後、二〇〇〇年には「北村は一つ」という考えのもと、また、全部門を統合する形での法人設立による経営効率化や福利厚生などの利点から、集落のほぼ全戸（四八名）による出資（一口五万円）によって「有限会社かやぶきの里」が設立され、来訪者へのサービス提供の主体を担っている。当初は農事組合法人にする計画であったが、飲食関係や民宿経営などが主な事業になるために有限会社組織となった。また、こうした茅葺き民家を中心とした活性化が行われるなか、「北村かやぶき屋根工事」という三〇代の男性による茅葺き屋根専門の会社もでき、茅葺き職人育成も行うなど、新たなビジネスも興っている。

法人の組織と事業

組織の特徴は、地縁組織である集落自治会、機能的な村づくり組織（「かやぶきの里保存会」）、法人組織

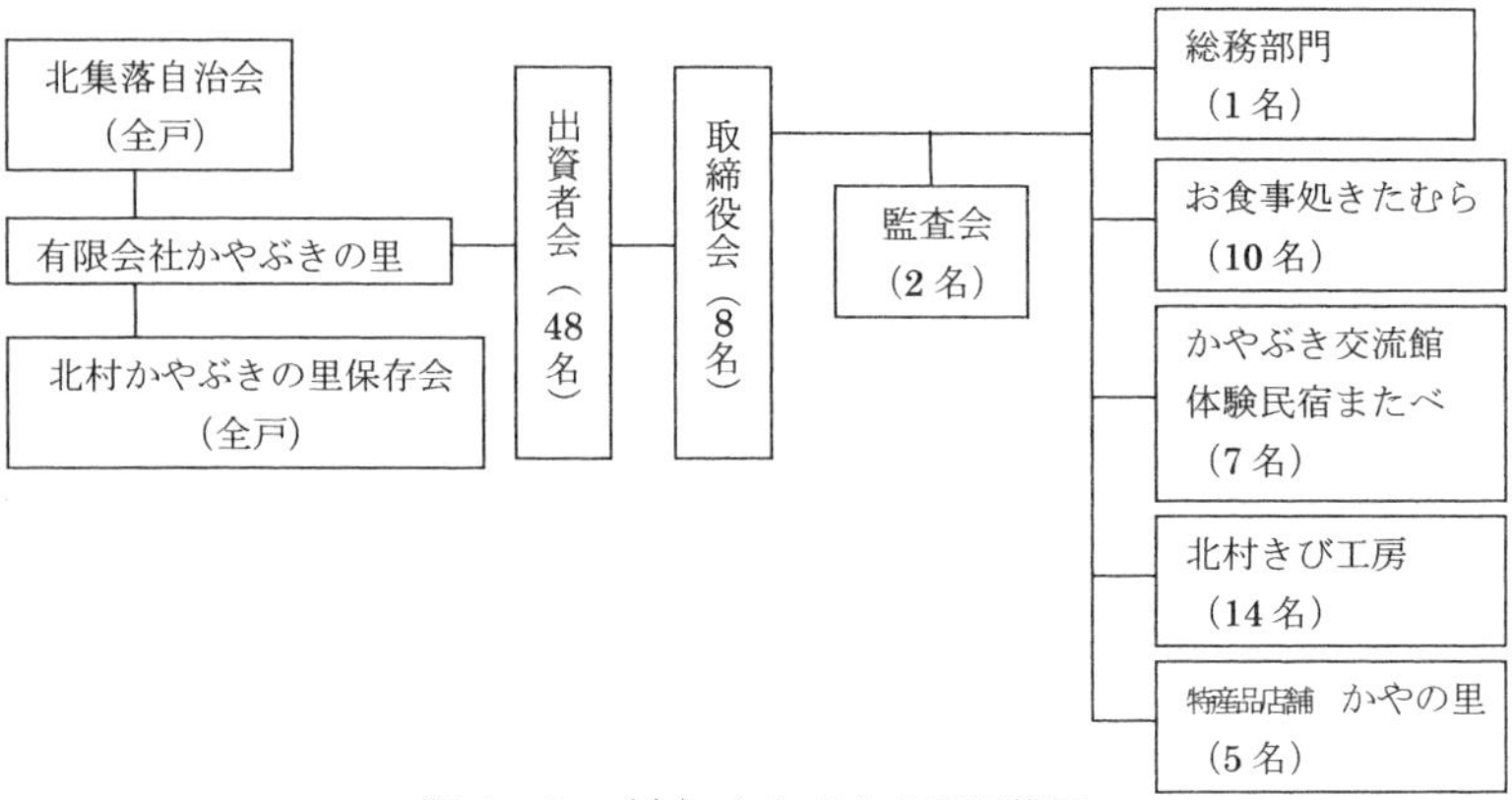

図4-3　（有）かやぶきの里組織図
出典：京都府農業会議『事例集　京都の集落型農業法人』

である（有）かやぶきの里が密接に連携した運営組織を取っている。（有）かやぶきの里はかやぶきの里保存会の組織の一つでもあり、保存会のメンバーと法人の出資者はほぼ同じメンバーであり（図4-3）、集落のニーズに応えるというより地域活性化ビジネスの窓口として大きな役割を担っている。しかし、居住地域には土産物屋や自動販売機などはなく、民族資料館、藍美術館と民宿三軒があるのみであり、商業施設は集落の前面道路（府道）をはさんだ反対側にまとめて立地し、土産物店を並べるだけの観光地にならないよう、来訪者がゆっくり「原風景」を味わえる雰囲気作りに心がけてきた。そういう努力と美山町行政による熱心なPR活動により、入込み客数は重要伝統的建造物群保存地区に選ばれた一九九三年の五万人から急カーブで上昇し、二〇〇五年には三〇万人に達している。

事業内容を以下に示す。（1）お食事処きたむら、（2）北村きび工房（地元水田で収穫した原料のもち米・キビ・アワを使用したつきたて餅・だんごなどの生産・加工）、（3）かやぶき交流館（町内在住の芸術家による絵画・陶芸などの展示会や、ソバ打ち・草鞋作りなどの各種体験イベント）、（4）体験民宿またべ（和室三室一四名宿泊可：昼食、地元食材での田舎料理）、（5）かやの里（きび工房や美山町のふるさと特産品の販売所）。

その他、法人は一・八ヘクタールの借地をし、従業員がそこでソバやもち米、野菜などを作って飲食に提供したり、かやの里での販売も行っている。この集落には別に農事組合もあり、そこがトラクタなどの機械を所有し、オペレーター派遣も行っているため、農事組合の機械やオペレータを使用した場合には、法人から農事組合に使用料が支払われる。現在、農作業受託は法人の主な事業にはなっていないが、法人が請け負う農地面積も年々拡大しており、今後ますます高齢化により委託面積増加が予想されるので、こうした農作業受託事業の拡大も今後の検討課題となっている。

各部門代表などを務める正社員五名（注4）（表4-2）の年齢層は三〇歳代から四〇歳代である。法人化によって、Uターン転職を考えている若い人材を確保・定着させると受け皿となるとともに、三〇名以上のパートを雇用するなど周辺地域

表4-2　正社員の詳細

年齢	性別	業務・役職	背景
49	男	体験民宿またべ・かやぶき交流館代表	会社設立後名古屋からUターン転職
47	男	総務（経理含む）、かやの里売店代表	設立後、美山町役場職員から転職
44	女	お食事処きたむら	
35	男	代表取締役、お食事処きたむら代表	1991年のきたむら立ち上げから関与
35	男	かやの里売店	農協職員から転職

注：現地での聞き取り調査による(重藤)

も含めた経済効果も見出し得ている。

（注4）ただ、部門代表は正社員でなければならない、といったような決まりはない。

今後の課題

（有）かやぶきの里は、国の重要伝統的建造物群保存地区の選定を受け、また町おこしの先進的な取り組みと観光振興に重点的予算配分を行う町行政の支援を受けつつ、来訪者数を伸ばしてきた。ここでは「観光地化しない観光地」を目指す特徴をもつ。他の観光化された保全地域への視察などから、土産物店が並ぶだけの観光地にはしたくない、という強い住民の意思により、「居住地域には観光目的の店は開かない」という共通認識を住民はもつ。商業化しすぎないことが逆に観光客には新鮮に映り、リピーター増加につながっている。近年では近隣諸国（韓国や台湾や欧米）からの来訪者も多く、海外からの取材も増えている。しかし、来訪者数の割には観光消費額が少ない。地元への経済効果と「のんびりとした美山らしさ」の同時追求が課題となっている。

今後の大きな懸念は、自治体広域合併によって旧美山町時代のような自治体と集落とのパートナーシップ・システムが後退していくことである。二〇〇六年より美山町は周辺の三町と合併し南丹市になり、町行政の予算は三割減となり行政からのサポートも大幅に縮小されつつある。旧美山町では町のリードによる全町的な地域振興が特徴であったが、合併市の行政においては側面的支援のみである。これまで旧美山町が構築してきた振興モデルをどう継承し、さらに他地域にも推奨することができるか、また他地域での優良な取り組みをどう取り入れていくかが今後の発展の鍵を握る。

現に、南丹市になってから観光客が減っているという実情があり、確立されていた「京都府美山町」というブランドを使いながらどう市レベルで広域連携によって農村振興を底上げすることができるか、合併の効果を発揮すべきところである。合併前までの財政的支援の後退が予想されるなか、（有）かやぶきの里としても、短期滞在型の観光施設にはない魅力を活かし、他地域・他集落との連携も進めながら長期農村滞在型観光のモデル確立によるビジネスサイズの拡大が要請される。

前節の（有）タナセンと同様に、（有）かやぶきの里もコミュニティに立脚し、その振興を社会的使命とする住民出資・所有の社会的企業である。事業タイプは異なるが、社会的企業の場合、自治体との多様なパートナーシップが不可欠である。合併市町村もこうした萌芽を活かす方向でのパートナーシップを維持・展開させる必要がある。また、地元（かやぶきの里など）に不足する経営情報を、民間営利セクターとの事業連携や各種ＮＰＯとの連携によって補充していく必要がある。社会的企業を軸とした多様なセクターからなるパートナーシップ・システムの構築が望まれる。

《コラム3》 環境保全のためのコミュニティ土地所有という選択—スコットランドの事例

スコットランドでは一二〇〇程度の地主が全土の三分の二を所有しているとされており、これはヨーロッパでも類を見ない、所有の一部特権者への集中である。このような所有権の集中は当然環境保全活動に支障をきたしてきた。利益追求型の地主による過放牧や環境への関心の欠如による環境資源の劣化が懸念され、一九七〇年代には非営利環境保護組織による環境価値のある地帯の買い取りが多く見られるようになった。しかし、遠隔地や離島などでのコミュニティ自体も体力を失っているところでは、自発的な取り組みにまかせる方法では解決ができず、土地管理の放棄などの問題が地域発展をも妨げる要因にもなっていた。一九八〇年代から一九九〇年代にかけて登場したコミュニティ所有協会は、そのような地域でのコミュニティ土地所有をサポートし、コミュニティや圧力団体による地域の土地やその他資源の管理・アクセスを可能にしてきた。また、このような流れのなかで、一九九〇年代後半にかけてコミュニティ協会、非営利環境保護組織、地方自治体の間の共同、もしくは協働も活発になり、より広範で価値のある地帯の社会的土地所有をも可能にすることになった。二〇〇〇年にはスコティッシュ・ランド・トラスト（Scottish Land Fund）が設立され、二〇〇一年より一五〇のコミュニティが土地を所有し、その土地をベースにしたプロジェクトを遂行する資金援助を行ってきた。スコットランドの土地改革（Scottish Land Reform）は、このようなコミュニティによる土地所有、管理の推進にあり、地域資源管理のあり方に非常に興味深い示唆を与えてくれるものである。

詳しくは以下を参照。

John Bryden, Charles Geisler "Community-based land reform: Lessons from Scotland" Land Use Policy, 24, pp24-34、二〇〇七

The Caledonia Centre for Social Development "Social Land Ownership: Case studies".

４−３　循環型農業を理念に戦略発展する社会的企業　―農事組合法人和郷園

重藤さわ子

地域の課題と農事組合法人和郷園

和郷園の拠点である本部センターは、千葉県北東部の香取市にあり平地の多い農村地帯である。東京近郊という大消費地圏、また流通の拠点に近い立地条件から、新鮮さを求められる畑作や花き、果樹の中では梨の栽培が、また畜産も盛んである。

和郷園は、「株式会社和郷」の代表取締役を現在務める木内氏が二〇代半ばのころ（一九九一年）に、仲間五人で産直販売を始めたことをきっかけに、直接契約栽培の取引先を確保し、各農家間でその生産量の調整を行う組織として発展してきた。さらにこのグループは安全な食料生産のための管理システム構築にも取り組み、一九九六年に有限会社格を取得し、とくに残留農薬や肥料の使用に厳しい顧客の要望にも応え、さらに売上を伸ばした。九八年には約九〇戸の生産者（生産法人五戸、個人経営八七戸）の出荷組合である「農事組合法人和郷園」を設立し、農産物流通・販売事業を担当するようになった。この和郷園は約九〇戸の専業農家を組合員としてもち、その組合員は千葉県のみならず茨城県も含み、六市三町（千葉県北東部、成田市から銚子市、茨城県神栖市）にまたがる。全耕作面積は露地野菜一〇八・九ヘクタール、施設栽培二五・六ヘクタールで、販売品目は野菜約四五種類、花き、果樹、鶏卵など多岐にわたる。

現在その他の事業は、株式会社和郷が担い、地域内の循環型農業を目指し、牛糞の堆肥化や野菜の加工時に生じる残さのリサイクルも行ったり、近辺に「風土村」を設置し、直売所や地域の野菜などを用いたレストラン経営を行うなど、幅広く地域の経済に貢献している。二〇〇五年の総売上高は一五億円に達し、和郷園設立の九八年から二倍弱の伸びである。設立当時より組合員数は増えていないため、これは各組合員農家の売上高も同様に大きく伸びたことを意味する。さらに二〇〇六年度にはマンゴーの生産事業でタイへの進出も決定し、現地法人設立準備をするなど、和郷園で開発してきた生産マネジメント・システムを活かし、海外事業展開にも本格的に取り組みつつある。

和郷園の組織・理念・事業

和郷園は活動理念に「生産者の自律・健康・環境・調和」を掲げ、以下のように自然循環型農業に取り組んでいる（注5）。（1）生産者の自律（「生産者自らが主体的に考え実行。自分たちの手で作ったものは、自分たちで責任をもって消費者の手に届ける」）、（2）健康（「食物を作ることは、人々の健康を担うこと。誰もが安心して、おいしく食べられる食品を作る」）、（3）環境（「自然を根幹とする産業＝農業。自然環境を保全し、次世代に受け継ぐことは産業としての継続だけでなく、生命の存続にかかわる重要な課題」）、（4）調和（「さまざまな人やものとの関わりは不可欠。取引先、消費者、そして日本にとどまらず、世界中の農業関係者との交流を大切にし、調和した関係を目指す」）。

（注5）和郷園プロファイルより。二〇〇六年十一月和郷園より入手。

和郷園では、土壌分析・施肥設計を通じた科学的裏づけのある土作りによる安全な野菜を消費者に届けることを目標とする。二八品目が、千葉県が行うエコ農産物認証[注6]を得ており、その規模は県内最大である。また、将来的な農作物輸出を見込んで、適正農業規範（Good Agricultural Practices）の遵守を示すユーレップＧＡＰの取得を進め、世界基準になる日本ＧＡＰ協会の設立にも参

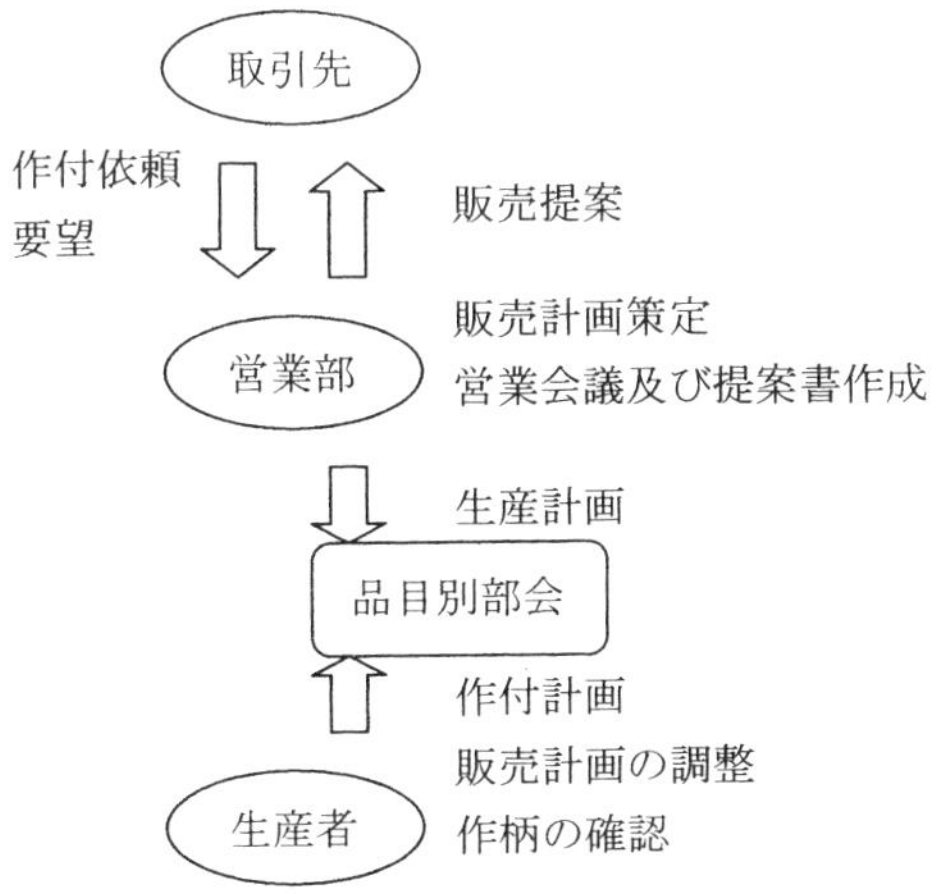

図4－4　販売／生産計画策定の流れ
資料：和郷園（筆者が一部加筆修正）

画してきた。農家は和郷園の組合員になり売上の一五%を経費として払うことで、和郷園の営業により契約販売先が確保され、経営の安定化を図り得る（注7）。販売／生産計画は図4-4に示される。各取引先の作付要望を基に、和郷園営業部による販売計画が策定され、各品目別部会による会議により作付計画、販売計画の調整、作柄の確認などが行われ、最終提案書が決定後、その提案書が取引先に提示される。合意が得られて取引が成立してから、各農家は生産に取り掛かる。契約販売の取引先は約五〇社であり、主要取引先でも全体の取引量の一〇%前後に抑えている。これは取引量を一部の取引先に依存することにより、価格など多様な交渉において取引先に対して従属関係が生ずることを避けるためである（注8）。また、要望に合わせてJAS規格の有機農産物も提供できるようにしている。

（注6）エコ農産物とは、農薬・化学肥料の使用などについて千葉県がもうけた基準をクリアしているかどうか、栽培計画から実施までを千葉県が調査し、認証された農産物である。
（注7）生産前に契約販売を行うことによって、農家はその年度の年収をあらかじめある程度予測することができるというメリットがある。
（注8）二〇〇六年十一月十八日和郷園による聞き取りより。

株式会社和郷—環境循環と地域への貢献

農事組合法人和郷園を擁する株式会社和郷は、農事組合法人による契約販売事業を軸に、活動理念である「生産者の自律・健康・環境・調和」に沿って、事業を展開している。自然循環型農業の実現が和郷園では大きな柱となっており、ＢＭＷリサイクルセンターで、自社や取引先から出る野菜残さや畜産の糞尿を土作りに必要な高品質の堆肥にして、地域農業に循環させる取り組みを行っている（図４-５）。

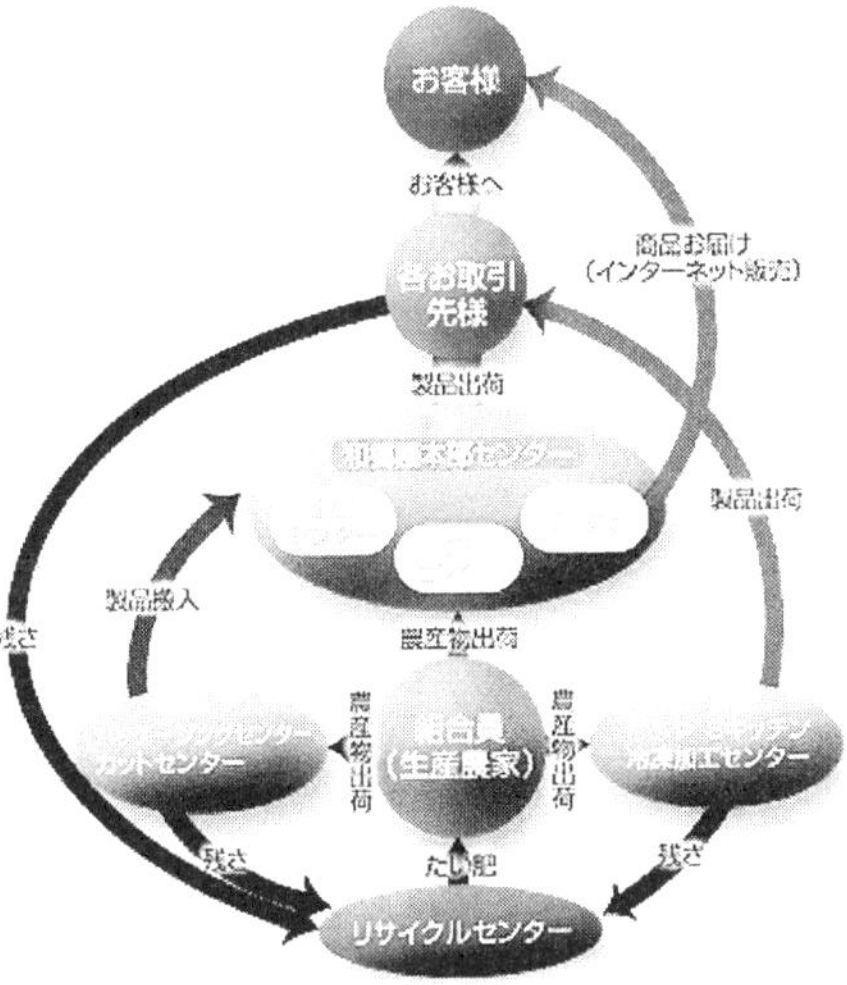

図４-５　和郷園の循環型農業のしくみ
資料：和郷園

また二〇〇四年よりバイオマスプラントを管理している。このバイオマスプラントは、農林水産省による「都市近郊農畜産業型」バイオマスタウン構築を目指す実証実験である「千葉県北東部におけるバイオマス多段階利用システムの構築及び実証に関する研究」の一環として、和郷園が国から管理委託されているものであり、地域内の畜産農家からの牛糞からメタンガスを発生させ、多段階利用を行うなどの実験を行っている。

その他、和郷では消費者ニーズに合わせ、冷凍加工センター（さあや'Sキッチン）で和郷園の採り立ての野菜（ホウレン草、小松菜、大和芋、枝豆、ブロッコリー）を急速冷凍して取引先に供給したり、パッケージング・カットセンターにて野菜をカットして、料理に合わせて（きんぴらごぼう用、けんちん汁用など）生用パックに加工して和郷園ブランドとして売り出している。これらの加工場では、地域に安定雇用を提供することも目的としており、和郷園の野菜からの加工の仕事がない場合も、外注でパックなどの仕事を請け負って通年稼動可能を期している。加工場から出る残さはリサイクルセンターで堆肥になり、組合員農家による生産に使用されるため、カット野菜などを購入することは消費者の立場からも廃棄ゴミの減少につながり、地域循環型農業に役に立つなどのメリットもある。

和郷園―その意義と課題

和郷園は、地域農家により所有され、自律的にかつビジネス戦略的に運営されているという点で住民出資型企業であると同時に、循環型農業を理念に掲げ、組合員の利益のみならず地域コミュニティへの環境・経済面で貢献していることを考慮すると、住民主導型の持続的地域発展活動を行う社会的企業としても位置づけることができる。

グローバリズム進行下の日本農業において、独自での販路開拓、消費者・国民のニーズに応えるため安全・品質確保のみならず循環型生産を掲げる和郷園のあり方は、日本農業再生の一つの方途を示すものといえる。農業経営ビジネスの成功事例は全国に多々あるが、利益追求のみならず、農業という地域の自然や生活から切り離すことのできない産業の性質を熟慮しながら、「食」「健康」「環境」と「生命」との関係を守ることを掲げ、それをビジネス戦略に活かしつつあること、またコミュニティを包括した農事組合法人や株式会社を通じた経営システムを構築してきたことは、今後の農業経営体のあるべき一つの姿を示すものと言えよう。そうしたなかでバイオマスタウンなど、地域ぐるみの循環型農業の新たな構想への参加などの展開が生まれている。

個々の経営の責任はあくまでも個人に残したままであるが、和郷園の販売戦略は、個々の農家の経営に直接影響することから、各農家は真剣に個々の生産・経営・企画能力を持ち寄って自分の農家のみならず、和郷園、また地域全体の発展を支えることになる。和郷園のように発展することのできる母体がある地域に、こういった循環型かつビジネス戦略型の社会的企業が育つように促すことは、日本の農業の将来のみならず地域コミュニティの持続的発展を達成するためにも大きな鍵になると思われる。

第５章　社会的企業と公・民パートナーシップ・システム

柏　雅之
白石克孝
重藤さわ子

以上、イギリスおよび日本における社会的企業の実態とその意義を分析してきた。両国ともに社会的企業が経済・環境・社会という二つないしは三つのボトムラインを達成するために活動していることがわかる。

しかし、わが国中山間地域の社会的企業の場合をみると、条件不利農地の管理・保全や高齢化した地域社会を支えることを使命としているが、その多くは組織運営のあるいは経営パフォーマンスの面からして必ずしも十分な発展や継続の条件を整えているわけではない。今後長期にわたって農村を支えていく地域主体に成長するためにはクリアすべき課題は多い。

イギリスにおいても多くの小規模な社会的企業は、資金調達に非常に苦労しているのが現状である。それを、その組織や地域コミュニティの努力次第と割り切ることができるのか、政府・地方政府のサポートなくして持続性という目的は達成できるのか。

二〇〇一年から二〇〇三年にかけて、ヨーロッパではEUの資金援助を受けた、「都市の持続性のための制度的、社会的能力の向上（Developing International and Social Capacities for Urban Sustainability: DISCUS）」という研究プロジェクトが遂行された（Evansら、二〇〇五）。ヨーロッパ内の八つの機関が協力して、四〇のヨーロッパの都市の地域持続性政策やその実行についての詳細な調査が行われ、「持続的都市発展に向けてよいガバナンスが達成されるその要素と条件は何なのか」という根本的な問いに答えるべく分析が行われた。都市に対象を絞ったものであるが、この研究結果は農村発展にも大きな示唆を与えてくれる。

彼らは、よいガバナンスであるという認識のある三〇の都市と、全くそういう事例の見受けられない一〇の都市を選定し、その持続性政策やプロジェクトなどの実態をつぶさに調査した。コミュニティの成熟度つまりは内発的発展能力を「社会的能力（Social Capacity）」とし、それらの能力を個々の人々やグループから引き出すために地方政府が必要とする知識やリーダーシップ能力などの成熟度を「制度的能力（Institutional Capacity）」とし、この二つの能力でもってガバナンスを測っている。また、政府・地方政府以外の民間主体が持続性政策のプロセスに作用していることをガバニング（Governing）という概念を用いて、ガバメントとガバニングとの組み合わせでガバナンスを考えるというアプローチをとっていることが特徴である。

四〇の分析対象都市について、社会的能力も制度的能力も高いものを「ダイナミックガバニング（Dynamic Governing）」、社会的能力は低いが制度的能力が高いものを「アクティブガバメント（Active Government）」、社会的能力も制度的能力も低いものを「パッシブガバメント（Passive Government）」、社会的能力は高いが制度的能力の低いものを「ボランタリーガバニング（Voluntary Governing）」と分け、それぞれの分類毎に持続的社会実現という目的につながる持続性政策の達成度を調査していった。その結果、ダイナミックガバニングが最も持続性政策の達成度が高く、アクティブガバメントの場合もある程度成功が見受けられたが、非政府主体の努力が中心となるボランタリーガバニングでは非常に限られた成功例しか見受けられず、パッシブガバメントの場合多くは失敗に終わっていた（表5－1参照）。

地域の持続性は民間主体の努力のみでは達成できず、地域コミュニティの民

表5－1　ガバナンスの段階とその持続的発展政策成功率シナリオ

持続性への社会的能力	持続性への制度的能力 高い	 低い
高い	ダイナミックガバニング →高い成功率	ボランタリーガバニング →低い成功率
低い	アクティブガバメント →中程度の成功率	パッシブガバメント →失敗

注：エバンスらの議論を筆者たちが簡略化して表にした

間主体の内発的能力を導き出し、それを成熟させる優れた地方政府と制度的土壌がなくてはならない、という結論が導き出されているのである。

一九九〇年代半ばからイギリスは、コミュニティの自助・共助型の活動に全てを丸投げしたりするのではなく、また民営化や企業化に地域再生の原動力を見出したりするのではなく、民間主体と地方政府とが協働してコミュニティの課題に当たることを追求するようになっており、それを支援するボトムアップ型地域再生政策や包括補助（助成）予算をさまざまに展開してきた。

こうした流れの中でイギリス政府は、いち早く社会的企業の台頭とコミュニティ事業の企業化などの動向に注目し、妥当な公的支援や促進策の策定に向けて動きだしている。二〇〇一年には通商産業省に社会的経済ユニットを設置し、二〇〇二年には「社会的企業—成功のための戦略」を策定した。コミュニティ利益会社という法人格の整備や、コミュニティ開発金融機関の設置、政府や自治体が社会的企業と協働するためのさまざまな支援策など、省庁の枠組みを超えた取り組みがこの「戦略」に沿って進められている。

イギリスの状況は、エバンスらの議論を借りれば、社会的企業の発展支援と協働を通して、社会的能力を高めようとすると同時に制度的能力も高めようとする動きに他ならない。

わが国の場合、こうした新たな地域経営主体の萌芽的出現とその意義について着目し、そのメリットを活かそうとする政府の積極的な動きはまだみられない。日本での成功例をみると、自治体主導のアクティブガバメント型（京都府美山町の地域振興会の例など）、あるいはボランタリーガバニング型（和郷園など）にとどまっている。前者のようなアクティブガバメント型の場合には、市町村合併や地方交付税交付金の削減などによって、先行きの不透明さが増している。

社会的企業の発展を自治体のダウンサイジングと単純に重ねて描くことは、地域再生のためのそもそもの課題設定を誤ることになりかねない。わが国で急がれるのは、こうした新たな地域経営主体を成長させるために能力構築を図り、自治体を含む地域内外の多様なセクターと主体の力を結集して新たな公民パートナーシップ・システム―マルチパートナーシップ（多者協議型協働）―を構築することであろう。そのためには自治体はそのシステム形成の要役（束ね役）を担う必要があり、これからの自治体は協働への感度が優れていることがその能力を測るものさしになる。地域内の社会的能力と制度的能力を高めて、ダイナミックガバニングを実現することが、日本の中山間地域の再生へつながっていくとわれわれは考えている。

【文献】

（1）Evans, B., Joas, M., Sundback, S., and Theobald, K. Governing Sustainable Cities, EARTHSCAN, London, 二〇〇五

《著者紹介》

柏　雅之（かしわぎ・まさゆき）
1958年福岡県生まれ
北海道大学農学部卒業、東京大学大学院農学系研究科修了（1988年3月、農学博士)、恵泉女学園大学講師、茨城大学助教授、東京農工大学大学院（博士課程）助教授（併任)、バーミンガム大学研究員、ロンドン大学（インペリアル・カレッジ）客員研究員、食料・農業・農村政策審議会専門委員などを経て、現在、茨城大学教授・東京農工大学大学院教授。2007年4月1日以降、早稲田大学人間科学学術院教授

白石　克孝（しらいし・かつたか）
1957年愛知県生まれ
名古屋大学法学部卒業　名古屋大学大学院法学研究科博士課程単位取得退学（法学修士）、名古屋大学法学部助手を経て、龍谷大学法学部教授

重藤　さわ子（しげとう・さわこ）
1975年　山口県生まれ
京都大学農学部卒業、京都大学大学院農学研究科修士課程修了、英国ニューカッスル大学　PhD（農学）
現職　東京農工大学　COE研究員（講師）

生存科学シリーズ 4
地域の生存と社会的企業―イギリスと日本との比較をとおして―

２００７年3月３０日　初版発行　　　定価（本体１，２００円＋税）

著　者　　柏　雅之／白石克孝／重藤さわ子
企　画　　柏　雅之
編　集　　東京農工大学 生存科学研究拠点
発行人　　武内英晴
発行所　　公人の友社
〒112-0002　東京都文京区小石川５－２６－８
ＴＥＬ０３－３８１１－５７０１
ＦＡＸ０３－３８１１－５７９５
Ｅメール koujin@alpha.ocn.ne.jp
http://www.e-asu.com/koujin/
印刷所　　倉敷印刷株式会社
表紙装画　堀尾正靭

公人の友社のブックレット一覧

(07.3.28現在)

シリーズ「生存科学」

(東京農工大学生存科学研究拠点
企画・編集)

No.2
再生可能エネルギーで地域がかがやく
―地産地消型エネルギー技術―
秋澤淳・長坂研・堀尾正靱・小林久著
1,100円

No.4
地域の生存と社会的企業
―イギリスと日本とのひかくをとおして―
柏雅之・白石克孝・重藤さわ子
1,200円

No.5
地域の生存と農業知財
澁澤 栄/福井 隆/正林真之
1,000円

No.6
風の人・土の人
―地域の生存とNPO―
千賀裕太郎・白石克孝・柏雅之・福井隆・飯島博・曽根原久司・関原剛
1,400円

「地方自治ジャーナルブックレット」

No.2
政策課題研究の研修マニュアル
首都圏政策研究・研修研究会
1,359円[品切れ]

No.3
使い捨ての熱帯林
熱帯雨林保護法律家リーグ 971円

No.4
自治体職員世直し志士論
村瀬誠 971円

No.5
行政と企業は文化支援で何ができるか
日本文化行政研究会 1,166円

No.7
パブリックアート入門
竹田直樹 1,166円[品切れ]

No.8
市民的公共と自治
今井照 1,166円[品切れ]

No.9
ボランティアを始める前に
佐野章二 777円

No.10
自治体職員の能力
自治体職員能力研究会 971円

No.11
パブリックアートは幸せか
山岡義典 1,166円

No.12
市民がになう自治体公務
パートタイム公務員論研究会
1,359円

No.13
行政改革を考える
山梨学院大学行政研究センター
1,166円

No.14
上流文化圏からの挑戦
山梨学院大学行政研究センター
1,166円

No.15
市民自治と直接民主制
高寄昇三 951円

No.16
議会と議員立法
上田章・五十嵐敬喜 1,600円

No.17
分権段階の自治体と政策法務
松下圭一他 1,456円

No.18
地方分権と補助金改革
高寄昇三 1,200円

No.19
分権化時代の広域行政
山梨学院大学行政研究センター
1,200円

No.20
あなたのまちの学級編成と地方分権
田嶋義介 1,200円

No.21
自治体も倒産する
加藤良重 1,000円

No.22
ボランティア活動の進展と自治体の役割
山梨学院大学行政研究センター
1,200円

No.23
新版・2時間で学べる「介護保険」
加藤良重 800円

No.24
男女平等社会の実現と自治体の役割
山梨学院大学行政研究センター
1,200円

No.25
市民がつくる東京の環境・公害条例
市民案をつくる会 1,000円

No.26
東京都の「外形標準課税」はなぜ正当なのか
青木宗明・神田誠司 1,000円

No.27
少子高齢化社会における福祉のあり方
山梨学院大学行政研究センター
1,200円

No.28
財政再建団体
橋本行史　1,000円［品切れ］

No.29
交付税の解体と再編成
高寄昇三　1,000円

No30
町村議会の活性化
山梨学院大学行政研究センター
1,200円

No.31
地方分権と法定外税
外川伸一　800円

No.32
東京都銀行税判決と課税自主権
高寄昇三　1,000円

No.33
都市型社会と防衛論争
松下圭一　900円

No.34
中心市街地の活性化に向けて
山梨学院大学行政研究センター
1,200円

No.35
自治体企業会計導入の戦略
高寄昇三　1,100円

No.36
行政基本条例の理論と実際
神原勝・佐藤克廣・辻道雅宣
1,100円

No.37
市民文化と自治体文化戦略
松下圭一　800円

No.38
まちづくりの新たな潮流
山梨学院大学行政研究センター
1,200円

No.39
ディスカッション・三重の改革
中村征之・大森彌　1,200円

No40
政務調査費
宮沢昭夫　1,200円

No41
市民自治の制度開発の課題
山梨学院大学行政研究センター
1,100円

No42
自治体破たん・「夕張ショック」の本質
橋本行史　1,200円

No43
分権改革と政治改革
～自分史として
西尾勝　1,200円

No44
自治体人材育成の着眼点
浦野秀一・井澤壽美子・野田邦弘・西村浩・三関浩司・杉谷知也・坂口正治・田中富雄　1,200円

「地方自治土曜講座」ブックレット

《平成7年度》

No.1
現代自治の条件と課題
神原勝［品切れ］

No.2
自治体の政策研究
森啓　600円

No.3
現代政治と地方分権
山口二郎［品切れ］

No.4
行政手続と市民参加
畠山武道［品切れ］

No.5
成熟型社会の地方自治像
間島正秀［品切れ］

No.6
自治体法務とは何か
木佐茂男［品切れ］

《平成8年度》

No.7
自治と参加アメリカの事例から
佐藤克廣［品切れ］

No.8
政策開発の現場から
小林　勝彦・大石和也・川村喜芳
［品切れ］

No.9
まちづくり・国づくり
五十嵐広三・西尾六七［品切れ］

No.10
自治体デモクラシーと政策形成
山口二郎［品切れ］

No.11
自治体理論とは何か
森啓［品切れ］

No.12
池田サマーセミナーから
間島正秀・福士明・田口晃［品切れ］

No.13
憲法と地方自治
中村睦男・佐藤克廣［品切れ］

No.14
まちづくりの現場から
斎藤外一・宮嶋望［品切れ］

No.15
環境問題と当事者
畠山武道・相内俊一［品切れ］

No.16
情報化時代とまちづくり
千葉純・笹谷幸一［品切れ］

No.17
市民自治の制度開発
神原勝［品切れ］

《平成9年度》

No.18
行政の文化化
森啓［品切れ］

No.19
政策法学と条例
阿倍泰隆［品切れ］

No.20
政策法務と自治体
岡田行雄［品切れ］

No.21
分権時代の自治体経営
北良治・佐藤克廣・大久保尚孝
［品切れ］

No.22
地方分権推進委員会勧告と
これからの地方自治
西尾勝　500円

No.23
産業廃棄物と法
畠山武道［品切れ］

No.25
自治体の施策原価と事業別予算
小口進一　600円

No.26
地方分権と地方財政
横山純一［品切れ］

《平成10年度》

No.27
比較してみる地方自治
田口晃・山口二郎［品切れ］

No.28
議会改革とまちづくり
森啓　400円

No.29
自治の課題とこれから
逢坂誠二［品切れ］

No.30
内発的発展による地域産業の
振興
保母武彦［品切れ］

No.31
地域の産業をどう育てるか
金井一頼　600円

No.32
金融改革と地方自治体
宮脇淳　600円

No.33
ローカルデモクラシーの統治
能力
山口二郎　400円

No.34
政策立案過程への「戦略計画」
手法の導入
佐藤克廣［品切れ］

No.35
98サマーセミナーから
「変革の時」の自治を考える
神原昭子・磯田憲一・大和田建太郎
［品切れ］

No.36
地方自治のシステム改革
辻山幸宣［品切れ］

No.37
分権時代の政策法務
礒崎初仁［品切れ］

No.38
地方分権と法解釈の自治
兼子仁［品切れ］

No.39
市民的自治思想の基礎
今井弘道　500円

No.40
自治基本条例への展望
辻道雅宣［品切れ］

No.41
少子高齢社会と自治体の福祉
法務
加藤良重　400円

《平成11年度》

No.42
改革の主体は現場にあり
山田孝夫　900円

No.43
自治と分権の政治学
鳴海正泰　1,100円

No.44
公共政策と住民参加
宮本憲一　1,100円

No.45
農業を基軸としたまちづくり
小林康雄　800円

No.46
これからの北海道農業とまち
づくり
篠田久雄　800円

No.47
自治の中に自治を求めて
佐藤　守　1,000円

No.48
介護保険は何を変えるのか
池田省三　1,100円

No.49
介護保険と広域連合
大西幸雄　1,000円

No.50
自治体職員の政策水準
森啓　1,100円

No.51
分権型社会と条例づくり
篠原　一　1,000円

No.52
自治体における政策評価の課題
佐藤克廣　1,000円

No.53
小さな町の議員と自治体
室崎正之　900円

No.54
地方自治を実現するために法が果たすべきこと
木佐茂男 ［未刊］
No.55
改正地方自治法とアカウンタビリティ
鈴木庸夫 1,200円
No.56
財政運営と公会計制度
宮脇淳 1,100円
No.57
自治体職員の意識改革を如何にして進めるか
林嘉男 1,000円

《平成12年度》

No.59
環境自治体とＩＳＯ
畠山武道 700円
No.60
転型期自治体の発想と手法
松下圭一 900円
No.61
分権の可能性
スコットランドと北海道
山口二郎 600円
No.62
機能重視型政策の分析過程と財務情報
宮脇淳 800円
No.63
自治体の広域連携
佐藤克廣 900円
No.64
分権時代における地域経営
見野全 700円
No.65
町村合併は住民自治の区域の変更である。
森啓 800円
No.66
自治体学のすすめ
田村明 900円
No.67
市民・行政・議会のパートナーシップを目指して
松山哲男 700円
No.69
新地方自治法と自治体の自立
井川博 900円
No.70
分権型社会の地方財政
神野直彦 1,000円
No.71
自然と共生した町づくり
宮崎県・綾町
森山喜代香 700円
No.72
情報共有と自治体改革
ニセコ町からの報告
片山健也 1,000円

《平成13年度》

No.73
地域民主主義の活性化と自治体改革
山口二郎 600円
No74
分権は市民への権限委譲
上原公子 1,000円
No.75
今、なぜ合併か
瀬戸亀男 800円
No.76
市町村合併をめぐる状況分析
小西砂千夫 800円
No.78
ポスト公共事業社会と自治体政策
五十嵐敬喜 800円
No.80
自治体人事政策の改革
森啓 800円

《平成14年度》

No.82
地域通貨と地域自治
西部忠 900円
No.83
北海道経済の戦略と戦術
宮脇淳 800円
No.84
地域おこしを考える視点
矢作弘 700円
No.87
北海道行政基本条例論
神原勝 1,100円
No.90
「協働」の思想と体制
森啓 800円
No.91
協働のまちづくり
三鷹市の様々な取組みから
秋元政三 700円

《平成15年度》

No.92
シビル・ミニマム再考
ベンチマークとマニフェスト
松下圭一 900円
No.93
市町村合併の財政論
高木健二 800円
No.95
市町村行政改革の方向性
～ガバナンスとＮＰＭのあいだ
佐藤克廣 800円
No.96
創造都市と日本社会の再生
佐々木雅幸 800円

No.97
地方政治の活性化と地域政策
山口二郎　800円

No.98
多治見市の政策策定と政策実行
西寺雅也　800円

No.99
自治体の政策形成力
森啓　700円

《平成16年度》

No100
自治体再構築の市民戦略
松下圭一　900円

No.101
維持可能な社会と自治
～『公害』から『地球環境』へ
宮本憲一　900円

No.102
道州制の論点と北海道
佐藤克廣　1,000円

No.103
自治体基本条例の理論と方法
神原勝　1,100円

No.104
働き方で地域を変える
～フィンランド福祉国家の取り組み
山田眞知子　800円

《平成17年度》

No.107
公共をめぐる攻防
～市民的公共性を考える
樽見弘紀　600円

No.108
三位一体改革と自治体財政
岡本全勝・山本邦彦・北良治・逢坂誠二・川村喜芳　1,000円

No.109
連合自治の可能性を求めて
サマーセミナー in 奈井江
松岡市郎・堀則文・三本英司・佐藤克廣・砂川敏文・北　良治　他
1,000円

No.110
「市町村合併」の次は「道州制」か
高橋彦芳・北良治・脇紀美夫・碓井直樹・森啓　1,000円

No.111
コミュニティビジネスと建設帰農
松本懿・佐藤　吉彦・橋場利夫・山北博明・飯野政一・神原勝
1,000円

《平成18年度》

No.112
「小さな政府」論とはなにか
牧野富夫［3月下旬刊行予定］

No.113
栗山町発・議会基本条例
橋場利勝・神原勝　1,200円

No.114
北海道の先進事例に学ぶ
安斎保・宮谷内留雄・見野全氏・佐藤克廣・神原勝　1,000円

TAJIMI CITY ブックレット

No.2
転型期の自治体計画づくり
松下圭一　1,000円

No.3
これからの行政活動と財政
西尾勝　1,000円

No.4
構造改革時代の手続的公正と第2次分権改革
手続的公正の心理学から
鈴木庸夫　1,000円

No.5
自治基本条例はなぜ必要か
辻山幸宣　1,000円

No.6
自治のかたち法務のすがた
政策法務の構造と考え方
天野巡一　1,100円

No.7
自治体再構築における行政組織と職員の将来像
今井照　1,100円

No.8
持続可能な地域社会のデザイン
植田和弘　1,000円

No.9
政策財務の考え方
加藤良重　1,000円

No.10
市場化テストをいかに導入するべきか　～市民と行政
竹下譲　1,000円

朝日カルチャーセンター 地方自治講座ブックレット

No.1
自治体経営と政策評価
山本清　1,000円

No.2
ガバメント・ガバナンスと行政評価システム
星野芳昭　1,000円

No.4
政策法務は地方自治の柱づくり
辻山幸宣　1,000円

No.5
政策法務がゆく
北村喜宣　1,000円

政策・法務基礎シリーズ
—東京都市町村職員研修所編

No.1
これだけは知っておきたい
自治立法の基礎
600円

No.2
これだけは知っておきたい
政策法務の基礎
800円

地域ガバナンスシステム・シリーズ
（龍谷大学地域人材・公共政策開発システム
オープン・リサーチ・センター企画・編集）

No.1
地域人材を育てる
自治体研修改革
土山希美枝　900円

No.2
公共政策教育と認証評価システム—日米の現状と課題—
坂本勝 編著　1,100円

No.3
暮らしに根ざした心地良いまち
野呂昭彦・逢坂誠二・関原剛・吉本哲郎・白石克孝・堀尾正靱
1,100円

都市政策フォーラムブックレット
（首都大学東京・都市教養学部
都市政策コース　企画）

No.1
「新しい公共」と新たな支え合いの創造へ—多摩市の挑戦—
首都大学東京・都市政策コース
900円